铌酸钠光物理与光催化性能

李国强　闫世成　史海峰　编著

科学出版社
北　京

内 容 简 介

本书对铌酸钠在半导体光催化领域中的研究进行了系统的讨论，是一本全面介绍铌酸钠在半导体光催化制氢以及环境净化方面的专著，内容取材于作者多年的科研结晶和国际期刊发表的相关结果。本书介绍了铌酸钠常见的制备方法，掺杂和复合改性提高光催化性能的研究结果，以单晶薄膜为研究对象阐述各向异性的光催化性能，利用多晶薄膜和纳米片组装薄膜为研究对象研究光致亲水性能，最后详述了第一性原理研究铌酸钠电子结构的结果。针对各章的研究内容，本书选择了若干基本概念作为补充列在每章末尾，希望在纷繁的研究结果中理清基本概念的应用。

本书可作为材料科学、物理学以及相关专业研究生的参考书。

图书在版编目(CIP)数据

铌酸钠光物理与光催化性能 / 李国强，闫世成，史海峰编著．—北京：科学出版社，2021.8

ISBN 978-7-03-069638-0

Ⅰ.①铌… Ⅱ.①李… ②闫… ③史… Ⅲ.①铌酸盐-光催化-研究 Ⅳ.①O644.11

中国版本图书馆 CIP 数据核字（2021）第 176363 号

责任编辑：周　涵 / 责任校对：杨　然
责任印制：吴兆东 / 封面设计：无极书装

科 学 出 版 社 出版
北京东黄城根北街 16 号
邮政编码：100717
http://www.sciencep.com
北京凌奇印刷有限责任公司 印刷
科学出版社发行　各地新华书店经销
*
2021 年 8 月第　一　版　开本：720×1000 B5
2022 年 1 月第二次印刷　印张：9 3/4
字数：200 000
定价：78.00 元
（如有印装质量问题，我社负责调换）

作者简介

李国强　工学博士，教授，博士生导师，河南省教育厅学术技术带头人，河南省高校科技创新人才，河南省高校青年骨干教师。主要开展氧化物薄膜的制备及其功能化和凝聚态物质的光物理与光化学的相关研究。先后在日本国立材料研究所（NIMS）、美国西北太平洋国家实验室从事氧化物光催化材料和分子束外延薄膜生长研究工作。发表 SCI 收录学术论文 82 篇，h 指数 23。获得河南省科学技术进步奖三等奖 1 项，教育厅科技成果奖一等奖 2 项；授权国家发明专利 5 项；主持在研和完成国家自然科学基金项目 2 项，省部级科研项目 3 项。

前　　言

随着人类社会的不断发展，人们对能源的需求量不断增长。在传统能源中，煤炭、石油和天然气等化石能源都是短期内不可再生的一次能源，在未来将面临枯竭的危险。除此之外，化石能源在燃烧时会产生大量的有害物质，通过直接或间接的方式来污染空气、造成温室效应、引起雾霾和酸雨，危害环境和人们的身体健康。为了解决能源紧缺和环境污染的问题，人们一直在致力于寻找清洁可再生的新能源。太阳能以其无污染、易获取的优势，成为了当前最具有代表性的绿色能源。在自然界中，绿色植物能够利用光合作用高效地把太阳能转化为化学能。人们以特殊材料为转换媒介，开发了多种利用太阳能的新技术，例如把光能转化为热能的光热转换技术，把光能转化为电能的光伏技术，以及把光能转化为化学能的人工光合成技术等。

半导体光催化是太阳能利用的重要技术领域之一。1972 年，东京大学的 Fujishima 和 Honda 发现紫外光照射下的 TiO_2光电极能够产生 O_2，实现了光能向化学能的成功转化，这成为了半导体光催化领域的开端。从此之后，半导体光催化技术得到了人们的广泛关注，迅速成了研究的热点。如今，半导体光催化技术在分解水产氢、CO_2还原、降解污染物/环境治理、表面自清洁/抗菌、光催化固氮、有机反应合成等许多方面都有着广泛的应用前景。光催化材料是半导体光催化技术中最重要的组成部分。作者对铌酸钠的光催化性能做了长期的深入研究，同时国内外同行也对此材料做了相当广泛的研究并产出了丰硕的成果。在此综述关于铌酸钠光物理与光催化性能的研究成果，以备参考。

本书的结构如下：

第 1 章简略介绍半导体光催化的基本原理，以及典型铌酸盐氧化物的光催化性能和铌酸钠的基本物性。选材不求完备，但与本书其他内容密切相关。

第 2 章介绍铌酸钠的制备方法与光催化性能。主要阐述铌酸钠常见的制备方法，关注制备方法不同导致的物相组成以及在形貌和光学性质方面的差异。最后讨论其在光催化分解水制氢和降解有机污染物性能方面的差别。

第 3 章综述掺杂对铌酸钠光催化性能的影响。主要介绍金属离子掺杂，如银、铜掺杂；非金属离子掺杂，如氮掺杂。主要研究掺杂离子在晶体结构、表面形貌、吸附性能和光学性质等方面的影响，最后揭示各种离子掺杂导致光催化性能改善的原因。

第 4 章综合介绍铌酸钠复合光催化材料方面取得的成果。选材以不同类型的复合材料为依据，选取典型材料加以介绍。主要介绍氧化物、硫化物、碳化物和贵金属复合体系。目前，复合材料体系相当复杂，选材只能说代表相应类型的复合材料，但对于复合材料中的科学问题不能给出一个统一的答案，尚待系统细致的研究。

第 5 章介绍作者以单晶薄膜为载体研究铌酸钠各向异性的光催化性能方面的工作。通过脉冲激光沉积技术制备了三个低米勒指数面的单晶薄膜，研究了其物相组成、光学性质等基本物性，特别是揭示了其光催化性能与晶面的依赖关系，并给出了解释。在以上研究结果的基础上通过水热制备方法，制备了三棱锥形貌的铌酸钠，并仔细研究了其光催化降解机理。

第 6 章详细介绍铌酸钠的光致亲水性能以及应用。在溶胶-凝胶法制备的铌酸钠薄膜中发现了其光催化性能与光致亲水性能没有直接关系，改变了人们的传统认识。利用纳米片制备的薄膜能够满足工业生产中对汽车挡风玻璃光致亲水性能的要求。这些研究结果开辟了铌酸钠在工业品中的应用。

第 7 章综合介绍理论计算方面的结果，特别是不同类型的掺杂对铌酸钠电子结构和能带结构的影响。选题注重模型和方法对计算结果的影响。

由于作者水平有限，书中难免有不妥之处，恳请读者批评指正。

李国强

2020 年 6 月 14 日星期日

目　　录

第1章　绪　　论

随着现代工业技术的飞速发展，以煤、石油和天然气为主的传统化石能源的消耗量急剧上升。在特定的地壳环境下经历了数亿年所形成的化石能源具有不可再生性，持续增长的传统能源消耗将导致这一资源面临枯竭。同时，在化石燃料消耗过程中不仅会产生各种有毒有害物质危害人类健康，且排放出大量温室气体导致全球气候变化。因此，探索新型可再生洁净能源和如何治理环境污染问题引起了世界范围内的广泛关注[1-7]。

光催化材料能够利用太阳能分解水制备氢气和降解有机污染物，在解决能源和环境问题方面有重要的应用前景。光催化分解水制备氢气是一种利用太阳能直接制备氢气的新技术。从能量转化的角度讲，光催化分解水制氢是将取之不尽的太阳能转化为化学能，实现太阳能的固定和存储。氢作为能源使用，经氧化放出能量后还原为水，又回到原料，实现一种无害的良性循环，因此，它被认为是“人类的理想技术之一”[8-12]。光催化技术的另一重要应用领域是有毒有害物的降解和无害化处理[13]。随着室内建筑装饰材料、家用化学物质的使用，室内空气污染越来越受到人们的重视。室内所用的化工物品会向空气中释放挥发性有机物而造成室内空气污染，目前已从室内空气中检测出几百种有机物，其中有些物质是致癌物。调查结果表明，在室内空气中有些有机物的浓度高于室外，甚至高于工业区。为了提高人们的生活质量，研制高效去除室内环境污染物的光催化剂具有重要的现实意义。

无论光催化分解水制氢还是光催化降解有毒有害物，其关键是开发具有高效的光催化材料，它是光催化技术得以产业化应用的前提条件。本章首先阐述半导体光催化基本原理，详细介绍分解水制氢和有机物降解基本机理；其次介绍典型铌酸盐氧化物光催化材料；最后介绍铌酸钠($NaNbO_3$)的基本物性。

1.1　半导体光催化基本原理

半导体光催化技术是涉及材料、物理和化学等多学科交叉领域的新技术。1972年，Fujishima和Honda在*Nature*上报道了在紫外光照射下的TiO_2电极和Pt电极上实现了水分解产生氧气和氢气[14]。这一开创性研究结果立刻引起了世界范围内的物理、化学以及材料研究者的高度重视。在过去的四十多年里，半导体光催化研究领域取得了长足进步，为进一步研究和应用光催化技术提供大量的实验事实和理论基础。

半导体光催化的基本原理为：当半导体吸收能量大于其带隙（E_g）的光子时，其价带上的电子（e^-）会被激发到导带上，同时在价带上产生空穴（h^+），如图 1.1 所示。产生的电子和空穴发生分离，并迁移到半导体光催化材料的表面，参与氧化还原反应。部分电子和空穴会在产生后和迁移过程中发生复合，产生热量。依据不同的反应物类型，可以分为两类反应：(1) 半导体光催化分解水；(2) 半导体光催化降解有机物。

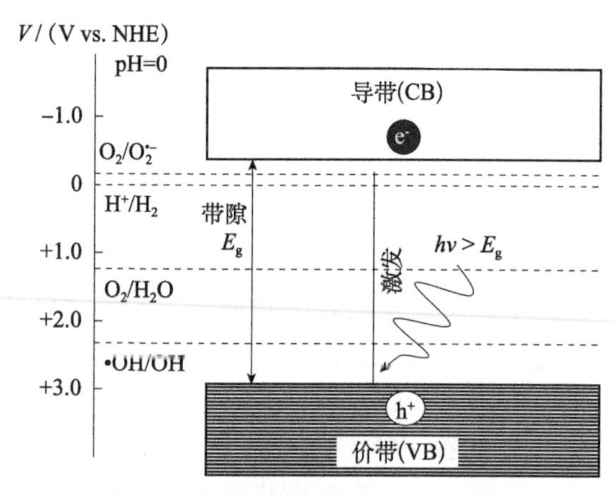

图 1.1　半导体光激发过程示意图

1.1.1　半导体光催化分解水基本原理

半导体光催化分解水基本原理如图 1.2 所示。在光照条件下，半导体光催化材料表面的光生电子与水中的 H^+ 发生反应，生成氢气分子；同时，表面的光生空穴会氧化水分子生成氧气，实现水完全分解产生氢气和氧气。

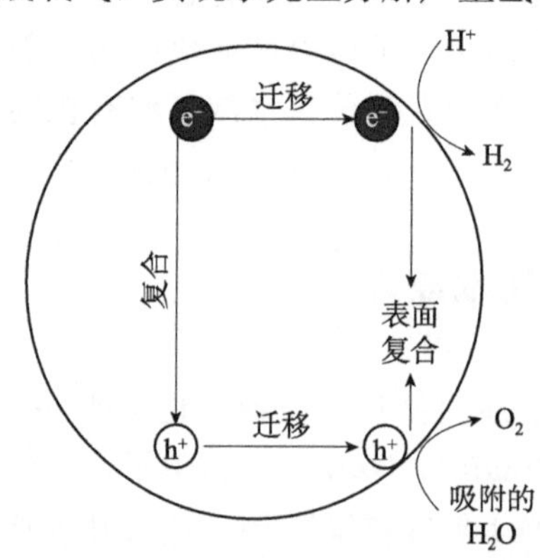

图 1.2　半导体光催化分解水基本原理示意图

从以上光催化分解水的过程中可以看出，若要实现水完全分解产生氢气和氧气，就要求半导体光催化材料的能带位置满足以下条件：导带电位比氢的电极电位 $E(H^+/H_2)$（0V vs. NHE，pH=0）更负，价带电位则应比氧的电极电位 $E(O_2/H_2O)$（1.23V vs. NHE）更正。

为了增强光催化材料的产氢或产氧能力，根据光催化材料的不同性质，常常采用不同的牺牲剂。目前，对于氧化物体系，在产氢气行为的评价中主要是采用甲醇为牺牲剂，同时担载贵金属 Pt 作为产氢气活性位；在产氧气行为的评价中主要采用硝酸银作为牺牲剂。在评价光催化剂的产氢气行为时，甲醇可以迅速消耗光催化材料所产生的光生空穴，减少光生空穴和电子的复合，增加迁移到表面的光生电子的数目，提升产生氢气的能力。总反应为

$$H_2O+CH_3OH \longrightarrow 3H_2+CO_2 \tag{1.1}$$

其缺点是部分氢气可能来自甲醇的氧化。

在评价光催化材料的产氧气行为时，由于 Ag^+/Ag 的电位（0.7991V）比 H^+/H_2 的电位更正，利用 $AgNO_3$ 作为牺牲剂，使产生的电子更容易还原 Ag^+ 形成 Ag，减少复合，使空穴更容易产生氧气，增加产生氧气的能力。总反应为

$$4Ag^+ +2H_2O \longrightarrow O_2 +4H^+ +4Ag \tag{1.2}$$

其缺点是随着反应的进行，还原的 Ag 颗粒会覆盖在光催化材料的表面，使光催化剂失去产氧能力。

1.1.2 半导体光催化降解有机物原理

半导体光催化降解有机物原理如图 1.3 所示。半导体光催化材料表面的光生电子与吸附的 O_2 发生 $e^- +O_2 \longrightarrow O_2^{\cdot -}$ 反应，产生的 $O_2^{\cdot -}$ 会继续发生 $O_2^{\cdot -} + H^+ \longrightarrow HO_2^{\cdot}$ 反应。同时，表面的光生空穴会与表面的有机物分子或吸附的 OH^- 发生反应，即会发生 $h^+ +RH \longrightarrow R^{\cdot} +H^+$ 或者 $h^+ +OH^- \longrightarrow \cdot OH$ 这样的反应过程。生成的羟基自由基具有仅次于氟原子的第二强氧化能力，几乎可以氧化所有的有机物。羟基自由基可以脱去有机分子中 α 碳上的一个氢原子，发生 $\cdot OH + RH \longrightarrow R^{\cdot} + H_2O$ 反应，产物 $R^{\cdot}$ 会与各种氧化物种反应，如 $\cdot OH+R^{\cdot} \longrightarrow ROH$ 或 $R^{\cdot} + O_2 + HO_2^{\cdot} \longrightarrow ROOOOH$，最终将产生 CO_2 和 H_2O，实现有机物的矿化处理，对有毒有害物实现无害化处理。

由光催化降解有机物的过程可知，若要实现有机物降解，其反应过程中产生氧化物种是反应进行的关键。从材料方面讲，这要求半导体光催化材料的导、价带位置必须满足以下两个条件之一：（1）导带电位比氧负离子的电极电位 $E(O_2/O_2^{\cdot -})$（−0.046V vs. NHE，pH=0）稍负；（2）价带电位比羟基自由基的形成电极电位 $E(\cdot OH/OH^-)$（+2.67V vs. NHE）稍正。光生电子或空穴通过水或氧气为媒介最终都会形成氧化物种，实现有机物降解和矿化。但是，从材料的化学稳定性方面考虑，理想材料的能带位置应该同时满足以上两个条件。

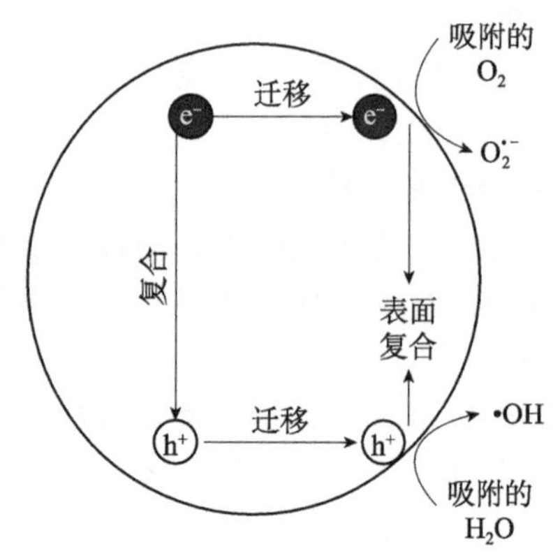

图 1.3 半导体光催化降解有机物原理示意图

1.2 典型铌酸盐氧化物光催化材料

具有光催化性能的氧化物光催化材料主要是具有 d^0(Ti^{4+}，Zr^{4+}，V^{5+}，Nb^{5+}，Ta^{5+})和 d^{10}(In^{3+}，Ga^{3+}，Ge^{4+}，Sb^{5+})电子组态的材料[15]。在已发现的光催化材料中，钽酸盐具有很好的分解水能力。铌与钽同是ⅤB族的元素，它们的化合物具有相似性。与钽酸盐相比，对应的铌酸盐具有更小的带隙，容易通过各种方法扩展其光吸收，实现可见光下的光催化性能；同时铌比钽更具有价格优势和储量优势，所以开发高效的铌酸盐光催化材料具有更好的应用前景。

铌酸盐主要是具有光催化分解水的性能，按照吸收光的性质，接下来详细介绍紫外光响应和可见光响应的典型铌酸盐氧化物。

1.2.1 紫外光响应铌酸盐氧化物

$K_4Nb_6O_{17}$是具有代表性的紫外光响应的层状金属氧化物。1986 年，Domen 等发现 $K_4Nb_6O_{17}$在有超细 Ni 存在时，在紫外光照射下可以分解纯水[16]。其主要原因是 $K_4Nb_6O_{17}$的双层结构，主体结构由 NbO_6 八面体所组成，具有两种不同的层（Ⅰ和Ⅱ）交错而成的二维结构，K^+ 存在于两层之间保持电荷平衡。超细的 Ni 颗粒可以进入到层间。在紫外光作用下，Nb—O 层中生成的自由电子移向位于Ⅰ层中的 Ni 金属超微粒子，从而形成氢气。而氧气则在Ⅱ层中形成。这样，由于氢气、氧气在不同位置出现，使两者相对分离，抑制了逆反应进程，从而提高了氢的生成率。关于层状金属化合物已有其他综述阐述，此处不再赘述，详见参考文献［17］。

除了以上的层状金属化合物外，还有一系列铌酸盐光催化材料在紫外光照射下具有分解水的性能。从电子组态的角度看，$ZnNb_2O_6$是同时含有 d^0 和 d^{10} 离子的新型光催化剂[18]。以 NiO 为助催化剂，在大于 4.0eV 的紫外光照射下，可以分解纯水为氢气和氧气。MNb_2O_7(M=Ca，Sr）同样是在 NiO 为助催化剂时可以完全分解纯水[19]。$Cs_2Nb_4O_{11}$是一种同时含有 NbO_4四面体和 NbO_6八面体的新型光催化材料[20]。在经过优化 NiO 助催化剂的担载条件后，可以得到与$K_4Nb_6O_{17}$相近的光催化性能。这些光催化材料本身都不能分解纯水产生氢气和氧气，必须有助催化剂的情况下才能实现完全分解水产生氢气和氧气。

1.2.2 可见光响应铌酸盐氧化物

铌酸盐中具有可见光光催化性能的材料如表 1.1 所示。$PbBi_2Nb_2O_9$是一个典型的含铅高效可见光光催化剂[21]。在有牺牲剂存在时，具有较小的产氢速率和很大的产氧速率。同时，它还具有降解异丙醇的性能，但是其性能很低。$SnNb_2O_6$是光学带隙较小的铌酸盐光催化材料，在牺牲剂存在时具有良好的产氢速率和产氧速率[22]。$AgNbO_3$是可见光响应光催化材料，在硝酸银存在时具有很好的产氧性能[23]。从总体上看，这些铌酸盐可见光响应的光催化材料是含有 Pb、Bi、Sn(Ⅱ) 和 Ag 的化合物。

表 1.1 可见光响应铌酸盐光催化材料的带隙及其光催化性能

名称	产氢速率/(μmol·h^{-1})	产氧速率/(μmol·h^{-1})	带隙/eV
$PbBi_2Nb_2O_9$	7.6	520	2.88
$SnNb_2O_6$	14	5.0	2.3
$AgNbO_3$	0.5	14	2.8

1.3 铌酸钠的基本物性

铌酸钠($NaNbO_3$)是具有正交对称性的赝钙钛矿结构，其光学带隙是3.3～3.4eV，导带底和价带顶分别由 Nb 4d 和 O 2p 组成。下面详细阐述$NaNbO_3$的晶体结构、电子结构以及其他物性。

1.3.1 晶体结构

首先，介绍 ABO_3钙钛矿结构。它是由 A 和 O 离子共同组成的面心立方点阵，B 进入氧八面体的间隙中。每个 A 被 12 个最近邻的氧所包围，可以看成离子 A 在角上，B 位于体心，O 为面心，如图 1.4 所示。也可以看成 B 位于角上，而 A 位于体心，O 在边中点的八面体，八面体以共角相连。

室温下，$NaNbO_3$具有正交结构，其空间群是 Pbcm，晶格常数为：a_o=5.569Å，b_o=5.505Å，c_o=15.523Å。可以简化为 ABO_3赝立方结构，晶格常数可以简化为：a_c=3.8819Å，b_c=3.915Å，c_c=3.915Å，α_c=90.67°，简化示意图如图 1.5 所示。

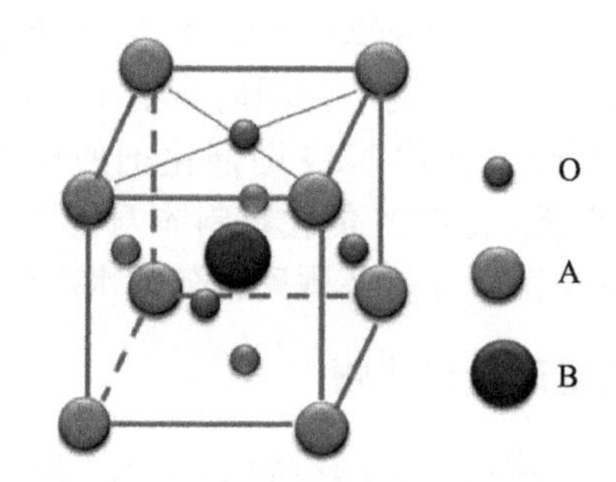

图 1.4　ABO_3钙钛矿结构中的离子位置

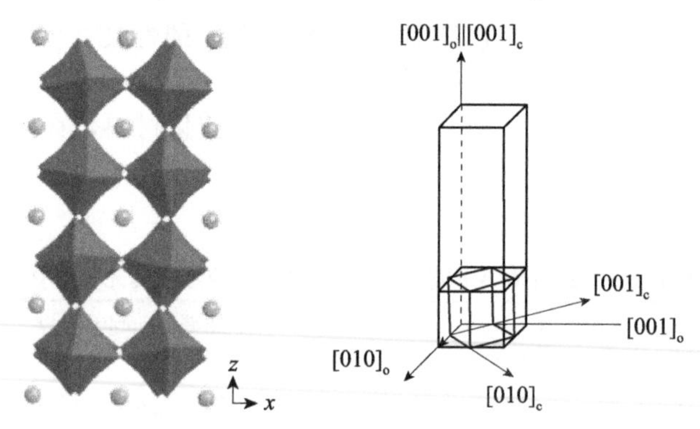

图 1.5　$NaNbO_3$正交结构（Pbcm）和简化为赝立方结构

值得一提的是$NaNbO_3$具有复杂的晶体结构。在640℃以上属立方晶系钙钛矿型结构。随着温度下降，它连续发生多次相变，出现T(2)、T(1)/S/RPN等相，性质也发生了变化，如表1.2所示。$NaNbO_3$的反铁电相（P相）范围是−100～360℃，属正交晶系点群222，起源于晶格形变及相邻不同高度层中的Nb^{5+}沿着相反方向自发极化。反铁电相重复单元包括原立方晶相的8个单胞，在同一个Nb—O平面内，所有Nb^{5+}位移方向相同，但沿c轴看，则是两层同向、两层反向，这样每4层为一个重复单元[24]。

表 1.2　$NaNbO_3$的相转变情况

转变温度（近似）/℃	相名称	晶格对称性	空间群	每个重复单元包含分子式数目
−100	N	三角	F3c	2
360	P	正交	Pbma	8
480	R	正交	Pnmm	24
	S	正交	Pnmm	8
520	T(1)	正交	Ccmm	4
575	T(2)	四方	F4/mmb	2
640	原型	立方	Pm3m	1

室温下随着颗粒尺寸的变化具有不同的晶体结构，如图 1.6 所示。首先，当颗粒尺寸较大时，具有 Pbcm 正交结构（O_1），沿 c 轴包含 4 个 NbO_6八面体；减小颗粒尺寸到 200～400nm，由于失去反演中心而转变为 $Pmc2_1$ 正交结构（O_2），沿 c 轴包含 2 个 NbO_6八面体；当颗粒尺寸小于 70nm 时，具有 Pmma 正交结构（O_3），晶格常数更加接近理想立方结构[25]。这些不同颗粒尺寸的样品随温度表现出不同的相变过程[26]。

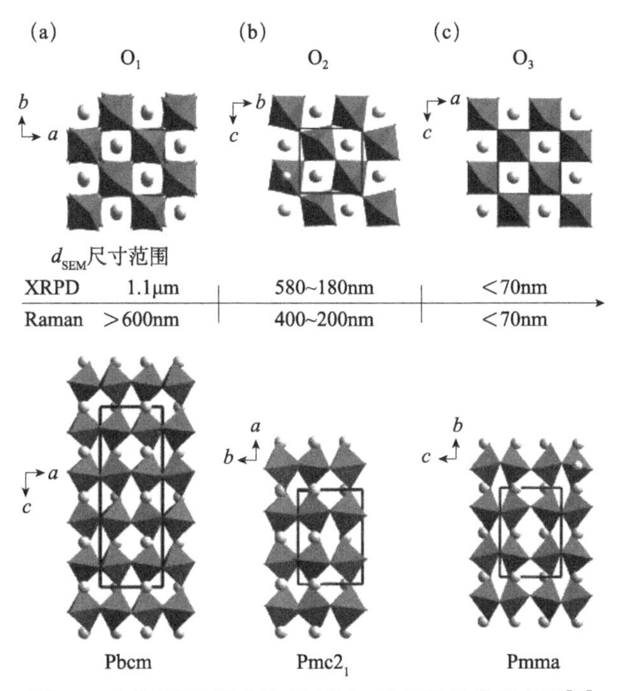

图 1.6 不同颗粒尺寸的 $NaNbO_3$ 的晶体结构示意图[26]

1.3.2 电子结构

过渡金属氧化物通常导带底和价带顶分别由过渡金属的 d 轨道和氧的 2p 轨道组成。$NaNbO_3$的电子结构主要是计算结果，利用密度泛函的计算方法，计算的正交结构 $NaNbO_3$（Pbcm）的色散关系和态密度结果表明导带底和价带顶分别由 Nb 4d 和 O 2p 组成。通常情况含有 d^0 电子组态的过渡金属氧化物（如 Nb_2O_5和 Ta_2O_5）的 O 2p 轨道的电势大约为＋2.94eV（vs. NHE）。考虑到它们的带隙，导带底的电势估计处于－0.3～－0.4eV。从能带电势位置的角度看，它们满足分解纯水的要求，即导带底的电势比 H^+/H_2的电势（0eV）更负，价带顶的电势比 O_2/H_2O 的电势（＋1.23eV）更正。

1.3.3 其他物性

$NaNbO_3$ 具有很好的介电性质，其相对介电常数 ε_r＝250～300，根据样品晶粒尺寸而有所变化[27]。

参考文献

[1] Mckone J R, Lewis N S, Gray H B. Will solar-driven water-splitting devices see the light of day? Chem. Mater., 2014, 26 (1): 407-414.

[2] Serpone N, Emeline A V. Semiconductor photocatalysis—past, present, and future outlook. J. Phys. Chem. Lett., 2012, 3 (5): 673-677.

[3] Osterloh F E. Inorganic nanostructures for photoelectrochemical and photocatalytic water splitting. Chem. Soc. Rev., 2013, 42 (6): 2294-2320.

[4] Li Z S, Luo W J, Zhang M L, et al. Photoelectrochemical cells for solar hydrogen production: current state of promising photoelectrodes, methods to improve their properties, and outlook. Energ. Environ. Sci., 2013, 6 (2): 347-370.

[5] Kudo A. Z-scheme photocatalyst systems for water splitting under visible light irradiation. MRS Bull., 2011, 36 (01): 32-38.

[6] Izumi Y. Recent advances in the photocatalytic conversion of carbon dioxide to fuels with water and/or hydrogen using solar energy and beyond. Coordin. Chemi. Rev., 2013, 257 (1): 171-186.

[7] Tong H, Ouyang S, Bi Y, et al. Nano-photocatalytic materials: possibilities and challenges. Adv. Mater., 2012, 24 (2): 229-251.

[8] Zou Z G, Ye J H, Sayama K, et al. Direct splitting of water under visible light irradiation with an oxide semiconductor photocatalyst. Nature, 2001, 414 (6864): 625-627.

[9] Yi Z G, Ye J H, Kikugawa N, et al. An orthophosphate semiconductor with photooxidation properties under visible-light irradiation. Nat. Mater., 2010, 9 (7): 559-564.

[10] Wang X C, Maeda K, Thomas A, et al. A metal-free polymeric photocatalyst for hydrogen production from water under visible light. Nat. Mater., 2009, 8 (1): 76-80.

[11] Maeda K, Teramura K, Lu D L, et al. Photocatalyst releasing hydrogen from water—enhancing catalytic performance holds promise for hydrogen production by water splitting in sunlight. Nature, 2006, 440 (7082): 295.

[12] Wang Q, Hisatomi T, Jia Q, et al. Scalable water splitting on particulate photocatalyst sheets with a solar-to-hydrogen energy conversion efficiency exceeding 1%. Nat. Mater., 2016, 15 (6): 611-615.

[13] Kisch H. Semiconductor photocatalysis—mechanistic and synthetic aspects. Angew. Chem. Int. Ed., 2013, 52 (3): 812-847.

[14] Fujishima A, Honda K. Electrochemical photolysis of water at a semiconductor electrode.

Nature，1972，238 (5358)：37，38.

[15] Domen K，Hara M，Kondo J N，et al. New aspects of heterogeneous photocatalysts for water decomposition. Korean J. Chem. Eng.，2001，18 (6)：862-866.

[16] Domen K，Kudo A，Shibata M，et al. Novel photocatalysts，ion-exchanged $K_4Nb_6O_{17}$，with a layer structure. Chem. Comm.，1986 (23)：1706，1707.

[17] 上官文峰. 太阳能光解水制氢的研究进展. 无机化学学报，2001，17 (5)：619-626.

[18] Kudo A，Nakagawa S，Kato H. Overall water splitting into H_2 and O_2 under UV irradiation on NiO-loaded $ZnNb_2O_6$ photocatalysts consisting of d(10) and d(0) ions. Chem. Lett.，1999 (11)：1197，1198.

[19] Kudo A，Kato H，Nakagawa S. Water splitting into H_2 and O_2 on new $Sr_2M_2O_7$ (M = Nb and Ta) photocatalysts with layered perovskite structures：factors affecting the photocatalytic activity. J. Phys. Chem. B，2000，104 (3)：571-575.

[20] Miseki Y，Kato H，Kudo A. Water splitting into H_2 and O_2 over $Cs_2Nb_4O_{11}$ photocatalyst. Chem. Lett.，2005，34 (1)：54，55.

[21] Kim H G，Hwang D W，Lee J S. An undoped，single-phase oxide photocatalyst working under visible light. J. Am. Chem. Soc.，2004，126 (29)：8912，8913.

[22] Hosogi Y，Tanabe K，Kato H，et al. Energy structure and photocatalytic activity of niobates and tantalates containing Sn(Ⅱ) with a $5s^2$ electron configuration. Chem. Lett.，2004，33 (1)：28，29.

[23] Kato H，Kobayashi H，Kudo A. Role of Ag^+ in the band structures and photocatalytic properties of $AgMO_3$ (M：Ta and Nb) with the perovskite structure. J. Phys. Chem. B，2002，106 (48)：12441-12447.

[24] 许煜寰，等. 铁电与压电材料. 北京：科学出版社，1978.

[25] Shiratori Y，Magrez A，Dornseiffer J，et al. Polymorphism in micro-，submicro-，and nanocrystalline $NaNbO_3$. J. Phys. Chem. B，2005，109 (43)：20122-20130.

[26] Shiratori Y，Magrez A，Fischer W，et al. Temperature-induced phase transitions in micro-，submicro-，and nanocrystalline $NaNbO_3$. J. Phys. Chem. C，2007，111 (50)：18493-18502.

[27] Liu W. Dielectric and sintering properties of $NaNbO_3$ ceramic prepared by Pechini method. J. Electroceram.，2013，31 (3-4)：376-381.

补充：基本概念

太阳光中的紫外光

太阳光谱是指太阳辐射经色散分光后按波长大小排列的图案。它是极为宽阔的连续谱以及数以万计的吸收线和发射线，是一个极为丰富的太阳信息宝藏。太阳光谱属于G2V光谱型，有效温度为5770K。太阳辐射主要集中在可见光部分（0.4～0.76μm），波长大于可见光的红外线（>0.76μm）和小于可见光的紫外线（<0.4μm）占比较小。在全部辐射能中，波长在0.15～4μm的占99%以上，且主要分布在可见光区和红外区，前者占太阳辐射总能量的约50%，后者占约43%，紫外区的太阳辐射能很少，只占总量的约6%。在地面上观测的太阳辐射的波段范围为0.295～2.5μm。小于0.295μm和大于2.5μm波长的太阳辐射，因地球大气中臭氧、水汽和其他大气分子的强烈吸收，不能到达地面。在太阳光谱上能量分布在紫外光谱区几乎绝迹（0.295μm以下的紫外线几乎全部被吸收），仅剩3%左右，在可见光谱区增加到44%，而在红外光谱区为53%[1]。

二氧化钛是一个很有潜力的光催化剂，只能吸收紫外光，锐钛矿相二氧化钛只能吸收波长小于390nm的光。要实现光催化技术在太阳光和室内光的实际应用，拓展波长响应范围是非常重要的，特别是将其吸收范围拓展到可见光区域。在相关报道的介绍部分，紫外光在太阳光中占大约5%经常被提及，但是并没有给出参考文献。下面给出一个计算例子。采用温带AM1.5的地表光照数据[2]，太阳光总能量大约是1001.0W·m^{-2}，380nm、390nm、400nm、410nm波长以下的紫外光积分强度分别占总能量的3.24%、3.87%、4.63%、5.81%。此处，AM (air mass)：太阳在任何位置与在天顶时，日射通过大气到达观测点的路径之比。AM0太阳光：大气层以外的太阳辐射；AM1太阳光：太阳垂直地球表面的太阳辐照度；AM1.5太阳光：太阳与垂直成约48°入射到地球表面的太阳辐照度[3]。考虑到紫外光和可见光的波长界限模糊不清，所以，紫外光占太阳总能量的3%～5%是可信的。

需要注意的是，上面的计算是建立在光能量的基础之上的，并不是光子数。在讨论能量转换效率时，特定波长范围的光能量占比需要在能量的基础上进行讨论。但是，光催化反应中，除了像分解水产生氢气和氧气属于能量转换系统，其他的反应并不转换能量。因此能量转换效率就不需要再讨论了，量子产率变得更重要了。在这样的条件下，特定波长范围部分的光能量占比可以以光子数为基础进行计算或测量。在紫外区域的一个光子的能量要比在可见范围和红外范围内的大，因此采用光子数来计算光能量占比的话肯定要比3%～5%小很多。

参考文献

[1] https://baike.baidu.com/item/%E5%A4%AA%E9%98%B3%E5%85%89%E8%B0%B1/10956402?fr=aladdin. 2021-5-14.
[2] URL：http://rredc.nrel.gov/solar/spectra-am1.5.html. 2021-5-14.
[3] Bolton J，Strickler S J，Connolly J S. Nature，1985，316：495-500.

第 2 章　铌酸钠制备方法与光催化性能

光催化反应发生在催化剂表面，不同的制备方法会导致不同的表面形貌和物理化学性质。铌酸钠($NaNbO_3$)的制备主要有固相反应合成法、水热法、溶胶-凝胶法等。湿化学方法主要是制备大比表面积和特殊表面形貌的催化剂。本章将综述 $NaNbO_3$ 的不同制备方法以及样品的光催化性能。

2.1　制备方法

详细介绍固相反应合成法、水热法、溶胶-凝胶法、硬模板法、熔盐法的基本原理以及制备 $NaNbO_3$ 的方法。

2.1.1　固相反应合成法

在固体材料的高温过程中固相反应是一个普遍的物理化学现象。广义上讲，凡是有固相参与的化学反应都可称为固相反应。狭义上讲，固相反应常指固体与固体间发生化学反应生成新固体产物的过程，这是合成各种材料的有效手段。由于固相反应过程涉及相界面的化学反应和相内部或外部的物质输送等若干环节，因此，除了类似均相反应，反应物的化学组成、特性和结构状态以及外部温度、压强等因素外，凡是能活化晶格、促进物质的内外传输作用的因素均会对反应起影响作用。

首先，反应物化学组成与结构是影响固相反应的内因，是决定反应方向和反应速率的重要因素。从热力学角度看，在一定温度、压强条件下，反应可能进行的方向是自由能减少（$\Delta G<0$）的方向，而且 ΔG 的负值越大，反应的热力学推动力也越大。经典理论指出反应速率常数反比于反应物颗粒半径的平方；此外，颗粒尺寸越小，比表面积越大，反应界面和扩散截面也相应增加，因此反应速率增大。一般认为温度升高均有利于反应进行。对于纯固相反应，压强的提高可显著地改善粉料颗粒之间的接触状态，增加接触面积并提高固相反应速率。气氛通过改变固体吸附特性而影响表面反应活性。在非化学计量的化合物 ZnO、CuO 等制备中，气氛可直接影响晶体表面缺陷的浓度和扩散机制与速度。在固相反应体系中加入少量非反应物质或由于某些可能存在于原料中的杂

质，则常会对反应产生特殊的作用（这些物质常被称为矿化剂，它们在反应过程中不与反应物或反应产物起化学反应，但它们以不同的方式和程度影响着反应的某些环节）。实验表明矿化剂可以产生如下作用：(1) 影响晶核的生成速率；(2) 影响结晶速率及晶格结构；(3) 降低体系共熔点，改善液相性质等。

固相反应合成 $NaNbO_3$ 的过程主要如下：用 Na_2CO_3 和 Nb_2O_5 作为原料，按 Na∶Nb（物质的量比）为 105∶100 均匀混合，在 800℃预烧 4h，研磨，再次在 900℃煅烧 5～10h，研磨后得到固相合成的 $NaNbO_3$ 粉末样品[1]。在一些控制实验中，在 900℃煅烧的过程中可以引入氧气、氩氢混合气和氮气[2]。

2.1.2 水热法

水热法又称高温溶液法，其中包括温差法、降温法（或升温法）及等温法。它始于 19 世纪中叶地质学家模拟研究自然界成矿作用。1900 年后科学家们建立了水热合成理论，以后又开始转向功能材料的研究。目前用水热法已制备出百余种晶体。通常所说的水热法又称热液法，属液相化学法的范畴，是指在密封的压力容器中，以水为溶剂，在高温高压的条件下进行的化学反应。水热反应依据反应类型的不同可分为水热氧化、水热还原、水热沉淀、水热合成、水热水解、水热结晶等。其中，水热结晶研究最多，其原理如下：首先原材料在水热介质里溶解，以离子、分子团的形式进入溶液。利用强烈对流（釜内上下部分的温度差而在釜内溶液产生）将这些离子、分子或离子团输运到放有籽晶的生长区（即低温区）形成过饱和溶液，继而结晶。水热法可以通过调节溶液 pH、反应温度、反应时间、有机试剂（有机络合剂、表面活性剂、高聚物等）等来控制和调节产物的尺寸、形貌和结构。

水热合成 $NaNbO_3$ 的具体过程如下：2g Nb_2O_5 粉末和 30mL 8.4mol·L^{-1} 的 NaOH 溶液装入 120mL 的特氟龙内衬的高压釜中，密封，在 200℃加热 250min，过滤，洗涤数次，70℃干燥 5h，得到水热合成的 $NaNbO_3$ 粉末[1]。

在水热合成的过程中，加入表面活性剂可以制备特殊形貌的 $NaNbO_3$。史海峰等在水热过程中加入 P123（$EO_{20}PO_{70}EO_{20}$）制备了 $NaNbO_3$ 纳米线。具体过程如下：1g P123 加入 25mL 蒸馏水中，在 40℃下持续搅拌 2h 后，加入 5g $Nb(OC_2H_5)_5$（Aldrich，USA）。然后逐滴加入 10mL 浓度为 0.8g·mL^{-1} 的 NaOH 溶液（NaOH，Wako，Japan）。搅拌 1h 后，将得到的溶液转移到高压釜中，并在 200℃下热处理 24h。所得到的沉淀过滤后，分别用蒸馏水和乙醇洗涤，并在 70℃的烘箱中干燥一夜。然后将所得到的粉末分别煅烧 550℃，保温时间为 4h，并且采用自然降温的方式回到室温，得到 $NaNbO_3$ 纳米线[3]。采用草酸铌铵和等物质的量的 NaOH 在三辛胺溶剂中保持 300℃加热 2.5h，过滤，粉末样品在空气中加热 500℃，保持 5h，得到 $NaNbO_3$ 纳米线[4]。

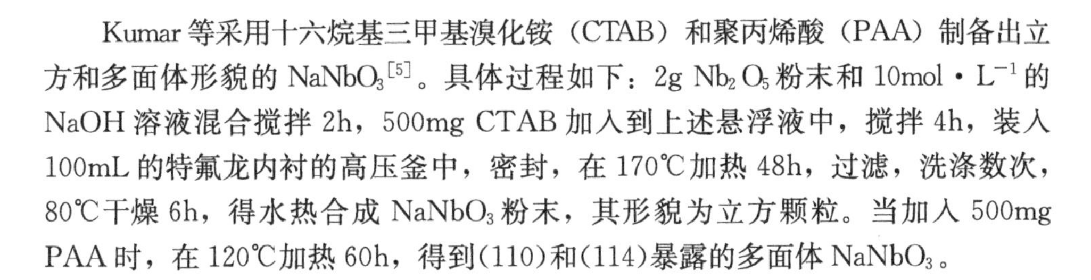

Kumar 等采用十六烷基三甲基溴化铵（CTAB）和聚丙烯酸（PAA）制备出立方和多面体形貌的 $NaNbO_3$[5]。具体过程如下：2g Nb_2O_5 粉末和 10mol・L^{-1} 的 NaOH 溶液混合搅拌 2h，500mg CTAB 加入到上述悬浮液中，搅拌 4h，装入 100mL 的特氟龙内衬的高压釜中，密封，在 170℃加热 48h，过滤，洗涤数次，80℃干燥 6h，得水热合成 $NaNbO_3$ 粉末，其形貌为立方颗粒。当加入 500mg PAA 时，在 120℃加热 60h，得到(110)和(114)暴露的多面体 $NaNbO_3$。

2.1.3　溶胶-凝胶法

简单地讲，溶胶-凝胶法就是用含高化学活性组分的化合物作前驱体，在液相下将这些原料均匀混合，并进行水解、缩合化学反应，在溶液中形成稳定的透明溶胶体系，溶胶经陈化胶粒间缓慢聚合，形成三维空间网络结构，凝胶网络间充满了失去流动性的溶剂，形成凝胶。凝胶经过干燥、烧结固化制备出分子乃至纳米结构的材料。在金属离子与至少含有一个 α 羧基的羰基羧酸（如柠檬酸和乙酸醇）之间形成多元螯合物。该螯合物在加热过程中与含有多功能基团的醇（如乙二醇）发生聚酯化反应、进一步加热即生成黏性树脂，然后得到透明的刚性玻璃状凝胶，最后生成细的氧化物粉体。以上就是 Pichini 法的基本过程，在制备多元金属氧化物方面具有重要应用。

Pichini 法合成 $NaNbO_3$，其合成过程如下：5.00g $NbCl_5$ 粉末和 48.60g 柠檬酸分别溶解于 200mL 和 100mL 的甲醇溶液中。在充分搅拌的情况下，将 $NbCl_5$ 甲醇溶液慢慢加入到柠檬酸溶液中。然后加入 0.981g Na_2CO_3 粉末和 2mL 乙二醇，120～130℃加热，直到变成固体。固体前驱体在 300℃加热 20min，最后在 500～900℃加热 1h 后，得到 $NaNbO_3$ 样品[1,6]。

糠醇辅助的聚合凝胶法合成不同晶体结构 $NaNbO_3$ 的过程如下：首先，1g 乙醇铌和 0.24g 乙醇钠加入到 10mL 的 2-甲氧基乙醇溶液中，搅拌形成透明胶体。将 30mL 包含 2.5g P123 的糠醇溶液加入到上述透明胶体中，搅拌 30min 后，以 1℃・min^{-1} 的升温速率加热到 95℃，并保持 120h，直到形成黑色固体聚合物。上述黑色固体聚合物在 600℃加热 5h，得到白色 $NaNbO_3$ 样品[7-9]。

2.1.4　硬模板法

硬模板法是指将某种无机金属前驱物引入硬模板孔道中，然后经焙烧在纳米孔道中生成氧化物晶体，去除硬模板后制备出相应的介孔材料。理想情况下所得材料可保持原来模板的孔道形貌。为了得到稳定的复制物，硬模板剂必须具有三维孔道，将金属前驱物浸渍后，前驱物应很容易转化为被氧化的物质，且孔容收缩量要小。此外，硬模板剂应高度有序且热稳定性好，并且易去除，有可控制的形态和结构。

硬模板法合成 $NaNbO_3$ 的过程如下：以硝酸钠和草酸铌为原料，溶于水，为 $NaNbO_3$ 的前驱液。采用SBA-15介孔分子筛为硬模板，将其浸泡在$NaNbO_3$ 前驱液中，搅拌，待均匀后，将混合物放入80℃的干燥箱中干燥一夜。固体粉末在600℃煅烧4h，得到结晶的 $NaNbO_3$。将所得样品在 $2mol \cdot L^{-1}$ 的NaOH溶液中搅拌12h去除SBA-15模板，重复以上过程3次，完全去除SBA-15。用去离子水清洗样品，80℃干燥，得到介孔 $NaNbO_3$[10]。通过控制前驱液和硬模板的比例，可以控制 $NaNbO_3$ 的颗粒尺寸[11]。

2.1.5 熔盐法

熔盐法通常采用一种或数种低熔点的盐类作为反应介质，反应物在熔盐中有一定的溶解度，使得反应在原子级进行。反应结束后，采用合适的溶剂将盐类溶解，经过滤、洗涤后即可得到合成产物。由于低熔点盐作为反应介质，合成过程中有液相出现，反应物在其中有一定的溶解度，大大加快了离子的扩散速率，使反应物在液相中实现原子尺度混合，反应由固固反应转化为固液反应。该法相对于常规固相法而言，具有工艺简单、合成温度低、保温时间短、合成的粉体化学成分均匀、晶体形貌好、物相纯度高等优点。

熔盐法合成 $NaNbO_3$ 的过程是：首先制备片层状结构的 $Bi_{2.5}Na_{3.5}Nb_5O_{18}$，然后再将层间的Bi通过熔盐法溶解出，得到片状 $NaNbO_3$。具体步骤如下：首先，需要称取一定量的 Bi_2O_3、Na_2CO_3 和 Nb_2O_5，放于研钵中研磨10min，然后加入NaCl，继续研磨30min，盛于密闭坩埚中在1125～1200℃范围内进行高温合成，保温时间为1～10h，合成产物用85℃去离子水反复清洗，以去除熔盐NaCl，经过烘干之后，则可以获得片状形貌的 $Bi_{2.5}Na_{3.5}Nb_5O_{18}$（简称为BNN5）。其次，取在最佳条件下制备的BNN5，按 Na_2CO_3 与BNN5物质的量比1.5∶1的条件称取 Na_2CO_3，将称取的 Na_2CO_3 与BNN5共同放于研钵中混合研磨5min，然后把质量为1.5倍上述 Na_2CO_3 与BNN5混合原料的NaCl熔盐倒入研钵中，继续研磨10min之后，将研磨好的混合原料放于密闭的刚玉坩埚中，并且置于马弗炉中960℃进行合成反应，保温3h，合成产物用85℃热纯水反复清洗，去除熔盐，最后加入稀硝酸进行清洗除杂，烘干，就可以获得片状$NaNbO_3$[12]。

2.2 材料物性与形貌

不同制备方法制备的样品存在物性方面的差异，下面详细叙述2.1节中各种方法制备样品的物相组成、拉曼光谱、光吸收性质以及表面形貌和比表面积之间的差异。

2.2.1 物相组成

在室温下，$NaNbO_3$ 为正交晶系，对称性为 Pbcm (JCPDS-073-0803)。采用固相反应法、水热法、硬模板法和熔盐法合成的 $NaNbO_3$ 均为正交结构。用糠醇辅助的聚合凝胶法可以制备立方结构的 $NaNbO_3$，对称性为 $Pm\bar{3}m$ (JCPDS-075-2102)，结果如图 2.1 所示。当 32.5°和 46.5°的衍射峰分裂成两个峰时，形成正交相的 $NaNbO_3$；当只有一个峰时，形成立方相的 $NaNbO_3$。通过透射电子显微镜研究衍射花样和晶格常数，进一步揭示了立方结构和正交结构的特点，如图 2.2 所示。立方相样品中，{010}与{100}相互垂直，并且在各自方向上的晶格常数为 0.391nm。正交相的样品中，{010}与{100}相互垂直，但是晶格常数分别是 0.552nm 和 0.559nm。

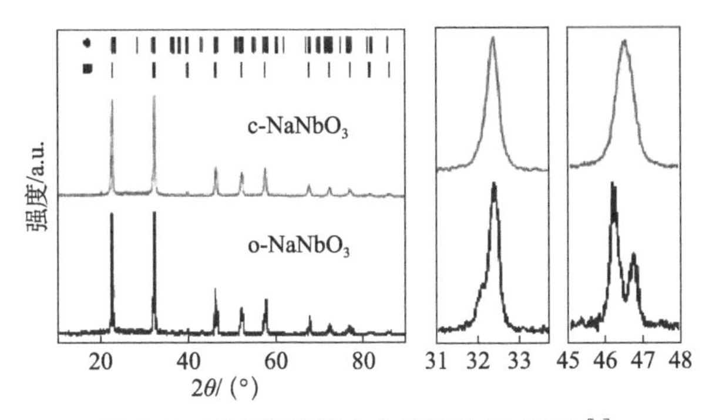

图 2.1 正交结构和立方结构的 $NaNbO_3$[7]

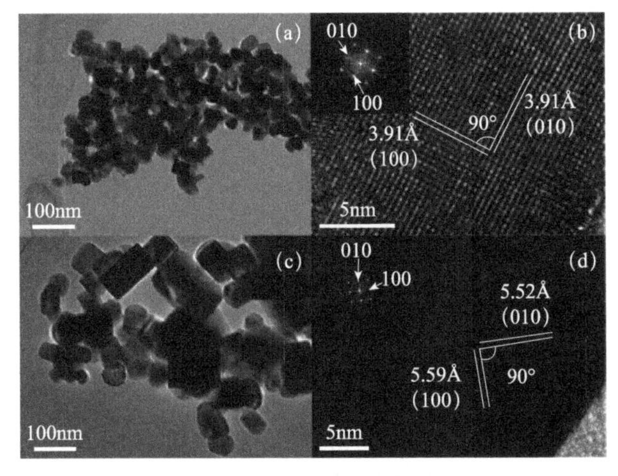

图 2.2 立方相 $NaNbO_3$ 的 TEM (a) 和 HR-TEM (b) 照片；
正交相 $NaNbO_3$ 的 TEM (c) 和 HR-TEM (d) 照片
插图为对应样品的傅里叶衍射图样[7]

2.2.2 拉曼光谱

拉曼光谱（Raman spectra）是散射光谱的一种，其基本原理是拉曼散射：一定频率的激光照射到样品表面时，物质中的分子吸收了部分能量，发生不同方式和程度的振动（如原子的摆动和扭动、化学键的摆动和振动），然后散射出较低频率的光。频率的变化决定于散射物质的特性，不同原子团振动的方式是唯一的，因此可以产生特定频率的散射光，其光谱就称为指纹光谱，可以照此原理鉴别出组成物质的分子种类。拉曼光谱是入射光子和分子相碰撞时，分子的振动能量或转动能量和光子能量叠加的结果。样品分子振动或转动能级对拉曼谱线的数目、谱线的强度、位移的大小有直接影响，因此我们对拉曼光谱进行分析，可以得到分子振动、转动方面的信息，实现对物质鉴定的目的。$NaNbO_3$的拉曼光谱图如图 2.3 所示。NbO_6八面体内振动产生从 160～900cm^{-1}的振动峰。170～300cm^{-1}的振动峰的分裂对应于退化的 ν_6和 ν_5振动模式。位于430cm^{-1}和 375cm^{-1}的低强度的 ν_4是与 Nb—O—Nb 连接的弯曲振动模式相关。低强度说明两个 NbO_6的连接角度接近 180°。在 570～605cm^{-1}和 520～570cm^{-1}两个区间的振动峰 ν_1和 ν_2对应于不同 Nb—O 键长的伸缩振动模式[13]。

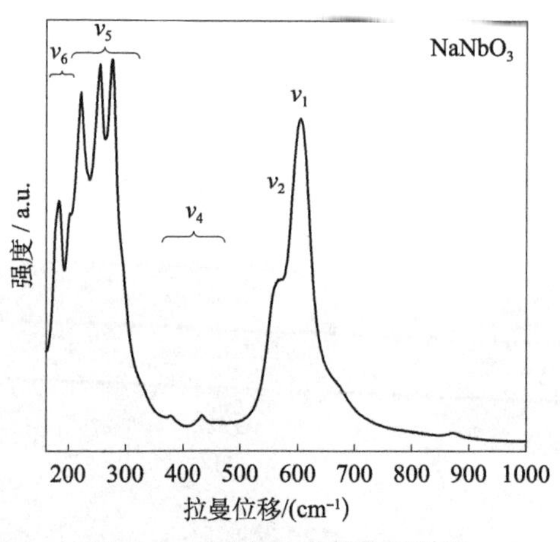

图 2.3　$NaNbO_3$ 的拉曼光谱图

当颗粒尺寸发生变化时，拉曼光谱会发生变化。采用硬模板法制备的纳米 $NaNbO_3$ 样品，其颗粒尺寸在 3～30nm，其拉曼光谱图中，ν_1和 ν_2的依然存在，只是略显宽化；100～350cm^{-1}的振动峰数目减少[11]。采用 Pichini 法制备的 $NaNbO_3$ 样品的拉曼光谱图如图 2.4 所示。从拉曼光谱中可以看出，随着温度增加，在 100～300cm^{-1}的振动峰的分裂越来越明显。通过 XRD、SEM 和比表面积，可以估计出样品的各种颗粒尺寸。当温度升高时，颗粒尺寸增大，结晶性变好。这些结果表明当颗粒尺寸变大时，低波数的拉曼光谱峰发生明显劈裂。

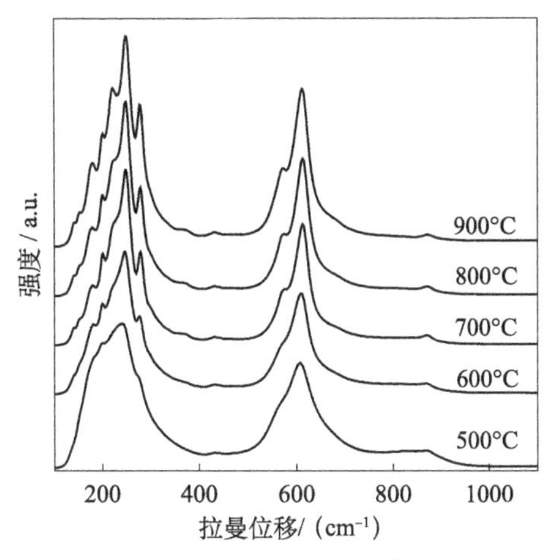

图 2.4　不同煅烧温度下的 $NaNbO_3$ 样品的拉曼光谱图

2.2.3　光吸收性质

不同的制备方法制备的 $NaNbO_3$ 的紫外可见吸收光谱略有不同，如图 2.5 所示。主要表现有：(1) 陡峭的吸收带边会有约 10nm 的差异；(2) 小于吸收带边波长的部分吸收减弱。对比 Pichini 法在 600℃和 900℃煅烧的样品的吸收光谱，表明结晶性提高后，小于吸收带边波长的部分吸收有所提高。当颗粒尺寸为几纳米和几十纳米时，会有纳米尺寸效应。采用硬模板法制备的 $NaNbO_3$ 纳米颗粒，其尺寸为 3～30nm，其吸收光谱图具有明显的蓝移现象。相比于固相反应法合成的 $NaNbO_3$ 的光学带隙 3.4eV，具有纳米尺寸效应样品的光学带隙会增大 0.2～0.5eV[11]。采用糠醇辅助的聚合凝胶法合成的立方相 $NaNbO_3$ 的光学带隙为 3.29eV，正交相 $NaNbO_3$ 的光学带隙为 3.45eV[7]。

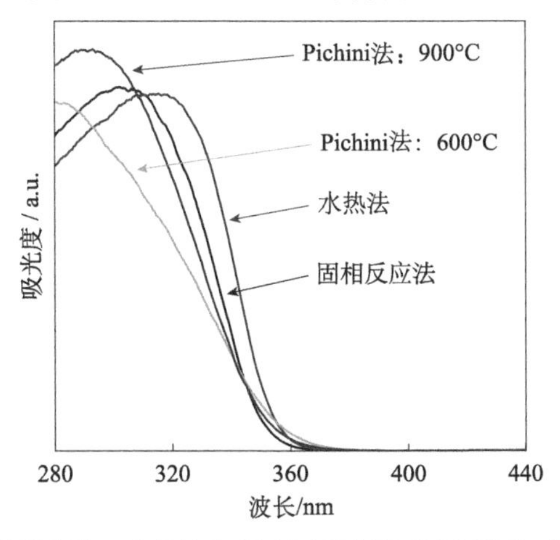

图 2.5　固相反应法、水热法和 Pichini 法制备的 $NaNbO_3$ 的吸收光谱图

Pichini 法为在 600℃和 900℃煅烧的样品

半导体光学带隙可以利用以下公式估计：

$$\alpha(h\nu) \propto (h\nu - E_g)^n \tag{2.1}$$

这里的 $\alpha(h\nu)$，h，ν，E_g，n 分别代表吸收系数（注意这种写法说明吸收系数是频率的函数。此处很多文献认为是吸收系数（α）与光子能量（$h\nu$）的乘积，这已经是一个普遍错误），普朗克常数，光子频率，光学带隙和跃迁模式相关的常数。常数 n 是 1/2，3/2 或 2 分别为直接跃迁、禁止直接跃迁或间接跃迁，禁止直接跃迁常常被忽略。一般的做法是绘制 $[\alpha(h\nu)]^{n/2}$ vs. $h\nu$ 图，其中 $n=1$ 和 4 分别对应间接跃迁和直接跃迁；利用图中直线部分的延长线与 x 轴截距，即为光学带隙。对于不同的材料，实验中会测试漫反射光谱（不透明材料，如粉末材料）或透射光谱（透明材料，如透明薄膜），然后利用仪器所带转换程序，转换为吸收光谱。此时吸收光谱近似认为 α vs. λ。通过简单计算即可得到 $[\alpha(h\nu)]^{n/2}$ vs. $h\nu$ 图。对 n 的取值，目前主要是查阅相关文献或通过计算结果进行判断。对于新材料，只能参考相似结构材料的跃迁模式。

2.2.4 表面形貌和比表面积

$NaNbO_3$ 主要有类球形、线状、片状、长方体和立方体形貌。

固相反应法制备的样品主要是以类球形形貌为主，表面光滑；颗粒尺寸一般为几百纳米；比表面积为 1.3～2.8$m^2 \cdot g^{-1}$[1,3,10,14]。

水热法制备的 $NaNbO_3$ 主要呈长方体和纳米线形貌。在水热合成的过程中，不添加表面活性剂，主要得到长方体形貌的 $NaNbO_3$。颗粒尺寸一般为几百纳米；比表面积为 2.2$m^2 \cdot g^{-1}$[1]。当在水热过程中引入一些表面活性剂时，如 P123，能够制备出线状 $NaNbO_3$，如图 2.6 所示，纳米线表面光滑，直径约为 100nm，比表面积为 12$m^2 \cdot g^{-1}$。但是，纳米线需要后退火才能形成。其主要机理是：(1) P123 聚集为胶束；(2) 氢氧化铌（$Nb_2O_5 \cdot xH_2O$）和 Na^+ 吸附在胶束上然后 Na^+ 和氢氧化铌相互之间键和；(3) 在一维的胶束环境下成核生长为 $Na_2Nb_2O_6 \cdot H_2O$ 纳米线；(4) $Na_2Nb_2O_6 \cdot H_2O$ 纳米线加热得到 $NaNbO_3$ 纳米线，即这个热处理过程只有相的转变，而没有显著地改变形貌。

图 2.6　$NaNbO_3$ 纳米线的扫描电镜照片[3]

Pichini 法合成 $NaNbO_3$ 的形貌主要以颗粒堆积的聚集体为主。在不同煅烧温度下得到的样品比表面积变化较大，如图 2.7 所示。当温度从 500℃变化到 900℃时，样品的比表面积从 $45m^2 \cdot g^{-1}$ 减小到 $5m^2 \cdot g^{-1}$ 左右，并且在 700～800℃比表面积减小最快。

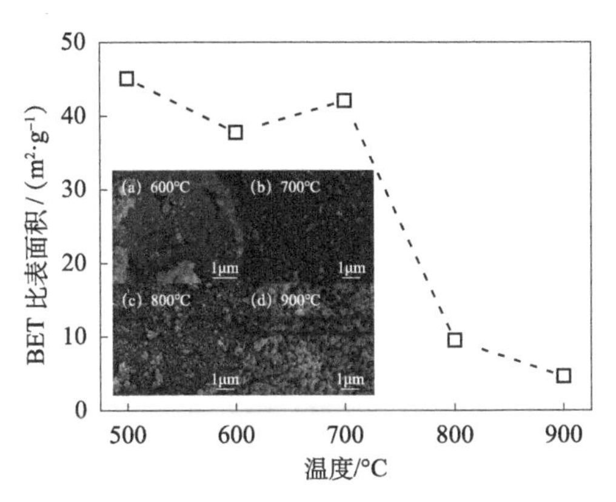

图 2.7　BET 比表面积随煅烧温度的变化图

插图为各个温度下制备样品的 SEM 照片

熔盐法制备的 $NaNbO_3$ 是片状形貌，如图 2.8 所示，其边长从几微米到十几微米不等。这主要源于其制备过程中的中间前驱物 $Bi_{2.5}Na_{3.5}Nb_5O_{18}$ 尺寸不均匀。通过控制熔盐的组成可以控制片状结构中的棱长和厚度[12]。

图 2.8　熔盐法制备的 $NaNbO_3$ 的 SEM 照片

2.3　光催化性能

$NaNbO_3$ 具有光催化分解水制氢性能和降解有机污染物性能。

2.3.1 分解水制氢性能

采用各种方法制备的$NaNbO_3$，在光催化分解水方面的研究主要集中在紫外光照射下分解水制氢性能，只有Pichini法制备的$NaNbO_3$具有分解纯水的性能。

分解水制氢反应装置如图2.9所示。典型过程如下：反应在密闭的玻璃系统内进行。在磁力搅拌下，一定量的催化剂悬浮在反应溶液中。光照前，将体系内的空气抽净，再充入20mtorr的氩气，整个反应在室温下进行。产生的气体在真空系统内通过空气循环泵混合均匀，氢气和氧气的量通过在线气相色谱进行检测。色谱采用热导检测器（TCD），电流120mA，5A分子筛填充柱，柱温70℃。

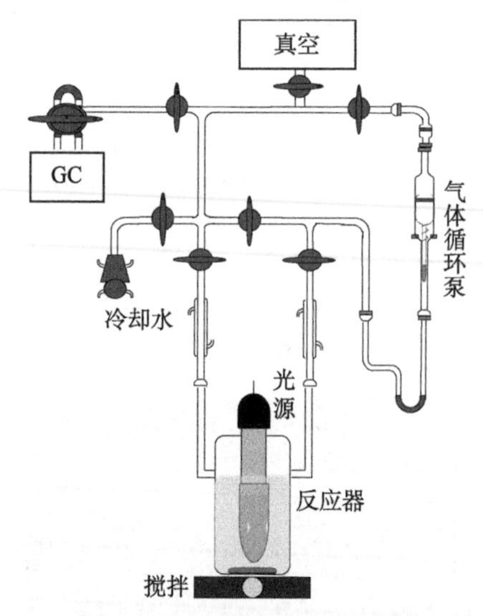

图2.9 分解水制氢反应装置

分解水制氢反应需要担载助催化剂Pt，主要采用原位光还原的办法担载在催化剂表面。具体担载过程如下：首先将甲醇50mL和二次蒸馏水320mL加入反应器中，然后加入适量的H_2PtCl_6水溶液，在磁力搅拌下加入催化剂，最后将反应器置于真空系统内，抽空后光照，反应初始阶段半导体催化剂受光激发后产生电子和空穴，电子将H_2PtCl_6水溶液还原成贵金属Pt沉积在催化剂上。

固相反应、水热法以及Pichini法制备的$NaNbO_3$分解水制氢性能，如表2.1所示。水热纳米线分解水制氢性能最好，这主要源于其良好的结晶性和较大的比表面积。

表 2.1　制备的 $NaNbO_3$ 样品的光催化性能

样品	氧气 * / (μmol · h^{-1})	氢气 ** / (mmol · h^{-1})	纯水		文献
			氢气/ (μmol · h^{-1})	氧气/ (μmol · h^{-1})	
固相反应	42	1.1	13	0	[1]
固相反应(O_2)	—	0.043	—	—	*** [2]
固相反应(H_2/Ar)	—	0.027	—	—	*** [2]
固相反应(空气)	—	0.014	—	—	*** [2]
水热法	100	2.2	13	0	[1]
水热法	—	0.09	—	—	**** [15]
纳米线	—	13.5	—	—	[3]
Pichini 法 500℃	—	—	31	5	[6]
Pichini 法 600℃	137	7.2	54	11	[1, 4]
Pichini 法 700℃	—	—	70	24	[4]
Pichini 法 800℃	—	—	42	7	[4]
Pichini 法 900℃	62	1.5	5	0	[1,4]

注：* 析氧气反应在 $AgNO_3$ 溶液中进行；** 析氢气反应在甲醇水溶液中进行；催化剂：0.1g，Pt：0.5wt%；光源：400W 高压汞灯；*** 常温常压，催化剂：0.05g，Pt：0.5wt%；光源：300W Xe 灯；**** 真空系统，催化剂：0.1g；光源：350W 高压汞灯

Pichini 法制备的 $NaNbO_3$ 具有分解纯水的性能，如图 2.10 所示。从图中可以看出，当煅烧温度从 500℃升高到 700℃时，产氢气和产氧气的速率分别从 30μmol · h^{-1}和 5μmol · h^{-1}增加到 70μmol · h^{-1}和 24μmol · h^{-1}；当煅烧温度继续升高到 800℃时，产氢气和产氧气的速率分别降低到 42μmol · h^{-1}和 7μmol · h^{-1}。700℃煅烧的样品具有最高的光催化分解纯水的性能。此外，900℃煅烧的样品仅有氢气产生，而没有氧气溢出。

在 700℃煅烧的样品的纳米晶尺寸约 34nm，适当的晶粒尺寸是其具有最高光催化分解纯水性能的原因。Baiju 等研究 TiO_2 的晶粒尺寸对光催化性能的影响时发现：由于存在体相和表面电荷复合与界面电荷传输过程之间的竞争，导致样品对于最高的光催化性能存在一个临界纳米晶粒尺寸。在小于临界尺寸时，随着晶粒尺寸的减小，表面电荷复合增加；在大于临界尺寸时，随着晶粒尺寸的增大，体相复合增加[16]。显然，当体相和表面电荷复合达到最小时，而界面电荷传输达到最大时，我们可以得到最佳的光催化性能。具有不同纳米晶尺寸的 $NaNbO_3$ 样品的光催化性能表现出对其晶粒尺寸强烈的依赖性，如图 2.10 所示。从拟合的曲线可以看出，临界晶粒尺寸约 37nm。临界晶粒尺寸可能与德拜长度（L_{Deb}）有关。因为德拜长度是光生电子空穴对能达到的最大距离。当纳米

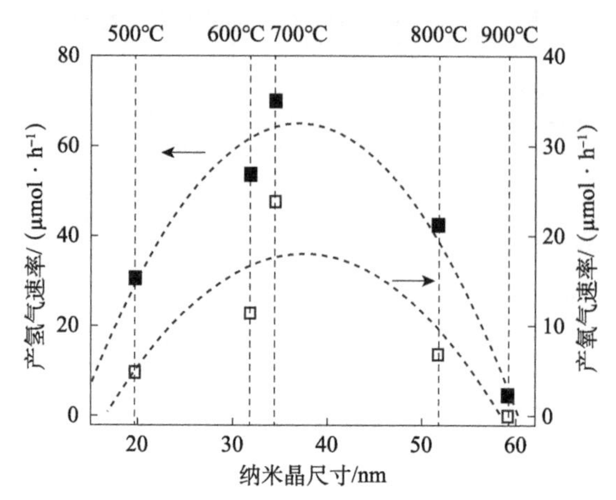

图 2.10　分解纯水产生氢气和氧气的速率随煅烧温度和晶粒尺寸（d_{XRD}）的变化关系图

晶的尺寸小于L_{Deb}时，光生电子和空穴容易到达表面并被表面活性位捕获；当纳米晶的尺寸大于L_{Deb}时，由于体相复合降低了光生电子和空穴到达表面的可能性。材料的L_{Deb}可以用下面的公式计算得到

$$L_{Deb}^2=\frac{\varepsilon\varepsilon_o k_B T}{2e^2 n_i} \tag{2.2}$$

式中，ε、ε_o、k_B、T、e和n_i分别是介电常数、真空介电常数、玻尔兹曼常数、温度、电子电量和载流子数目。$NaNbO_3$的介电常数是290[17]，如果假设临界长度为德拜长度，可以估计得到n_i是$1.5\times10^{23}m^{-3}$。一些计算结果显示TiO_2的n_i是$10^{23}\sim10^{25}m^{-3}$[18]，与我们计算所得到的$NaNbO_3$的n_i相似。所以，临界颗粒尺寸是反映德拜长度的宏观量。

很有趣的是，在900℃煅烧的样品失去了分解纯水的能力，只能产生氢气，而不能产生氧气。形成一个氧气分子需要消耗4个光生空穴，这造成产氧气过程比产氢气复杂[19]。所以，很多材料在分解纯水时很难观察到氧气溢出。固相合成$NaNbO_3$不能分解水产生氧气。从以上表征可以看出，900℃煅烧的样品的晶粒尺寸约60nm，大于临界尺寸，所以产氧能力的消失应该是由于大的晶粒尺寸导致严重的体相复合造成的。

以上实验结果说明晶粒尺寸对于$NaNbO_3$分解纯水的性能起主要作用，特别是对于分解纯水中的氧气溢出至关重要。

2.3.2　降解有机污染物性能

降解有机污染物主要是降解罗丹明B(RhB)和异丙醇，前者为固-液相反应，后者为固-气相反应。

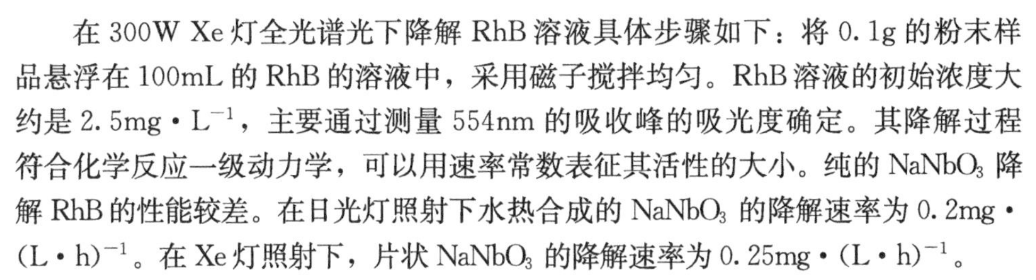

在 300W Xe 灯全光谱光下降解 RhB 溶液具体步骤如下：将 0.1g 的粉末样品悬浮在 100mL 的 RhB 的溶液中，采用磁子搅拌均匀。RhB 溶液的初始浓度大约是 2.5mg·L^{-1}，主要通过测量 554nm 的吸收峰的吸光度确定。其降解过程符合化学反应一级动力学，可以用速率常数表征其活性的大小。纯的 $NaNbO_3$ 降解 RhB 的性能较差。在日光灯照射下水热合成的 $NaNbO_3$ 的降解速率为 0.2mg·$(L \cdot h)^{-1}$。在 Xe 灯照射下，片状 $NaNbO_3$ 的降解速率为 0.25mg·$(L \cdot h)^{-1}$。

固相反应法制备的 $NaNbO_3$ 降解异丙醇的效果较差[20]。硬模板法制备的纳米 $NaNbO_3$ 降解异丙醇具有很好的效果[11]。当颗粒尺寸为 30nm 时，其降解性能最好，降解率为 577ppm·h^{-1}，是固相反应法制备 $NaNbO_3$ 的 8 倍。值得指出的是，对于比表面积归一化后，其活性为 18ppm·$(h \cdot m^2)^{-1}$，而固相反应法制备的样品为 52ppm·$(h \cdot m^2)^{-1}$。这主要是由单位面积吸附的异丙醇不同造成的[11]。

参考文献

[1] Li G Q, Kako T, Wang D F, et al. Synthesis and enhanced photocatalytic activity of $NaNbO_3$ prepared by hydrothermal and polymerized complex methods. J. Phys. Chem. Solids, 2008, 69 (10): 2487-2491.

[2] Chen N N, Li G Q, Zhang W F. Effect of synthesis atmosphere on photocatalytic hydrogen production of $NaNbO_3$. Physica B, 2014, 447: 12-14.

[3] Shi H F, Li X K, Wang D F, et al. $NaNbO_3$ nanostructures: facile synthesis, characterization, and their photocatalytic properties. Catal. Lett., 2009, 132 (1-2): 205-212.

[4] Saito K, Kudo A. Niobium-complex-based syntheses of sodium niobate nanowires possessing superior photocatalytic properties. Inorgan. Chem., 2010, 49 (5): 2017-2019.

[5] Kumar S, Parthasarathy R, Singh A P, et al. Dominant {100} facet selectivity for enhanced photocatalytic activity of $NaNbO_3$ in $NaNbO_3$/CdS core/shell heterostructures. Catal. Sci. Technol., 2017, 7 (2): 481-495.

[6] Li G Q. Photocatalytic properties of $NaNbO_3$ and $Na_{0.6}Ag_{0.4}NbO_3$ synthesized by polymerized complex method. Mater. Chem. Phys., 2010, 121 (1-2): 42-46.

[7] Li P, Ouyang S X, Xi G C, et al. The effects of crystal structure and electronic structure on photocatalytic H_2 evolution and CO_2 reduction over two phases of perovskite-structured $NaNbO_3$. J. Phys. Chem. C, 2012, 116 (14): 7621-7628.

[8] Li P, Ouyang S X, Zhang Y J, et al. Surface-coordination-induced selective synthesis of cubic and orthorhombic $NaNbO_3$ and their photocatalytic properties. J. Mater. Chem. A, 2013, 1 (4): 1185-1191.

[9] Li P, Xu H, Liu L Q, et al. Constructing cubic-orthorhombic surface-phase junctions of $NaNbO_3$ towards significant enhancement of CO_2 photoreduction. J. Mater. Chem. A, 2014,

2 (16): 5606-5609.
[10] Li X K, Zhuang Z J, Li W, et al. Hard template synthesis of nanocrystalline $NaNbO_3$ with enhanced photocatalytic performance. Catal. Lett., 2012, 142 (7): 901-906.
[11] Li X K, Li Q, Wang L Y. The effects of $NaNbO_3$ particle size on the photocatalytic activity for 2-propanol photodegradation. Phys. Chem. Chem. Phys., 2013, 15 (34): 14282-14289.
[12] Li X B, Li G Q, Wu S J, et al. Preparation and photocatalytic properties of platelike $NaNbO_3$ based photocatalysts. J. Phys. Chem. Solids, 2014, 75 (4): 491-494.
[13] Shiratori Y, Magrez A, Fischer W, et al. Temperature-induced phase transitions in micro-, submicro-, and nanocrystalline $NaNbO_3$. J. Phys. Chem. C, 2007, 111 (50): 18493-18502.
[14] Shi H F, Zou Z G. Photophysical and photocatalytic properties of $ANbO_3$ (A = Na, K) photocatalysts. J. Phys. Chem. Solids, 2012, 73 (6): 788-792.
[15] Liu J W, Chen G, Li Z H, et al. Hydrothermal synthesis and photocatalytic properties of $ATaO_3$ and $ANbO_3$ (A = Na and K). Int. J. Hydrogen Energy, 2007, 32 (13): 2269-2272.
[16] Baiju K V, Shukla S, Sandhya K S, et al. Photocatalytic activity of sol-gel-derived nanocrystalline titania. J. Phys. Chem. C, 2007, 111 (21): 7612-7622.
[17] Reznitchenko L A, Turik A V, Kuznetsova E M, et al. Piezoelectricity in $NaNbO_3$ ceramics. J. Phys. -Condens. Mat., 2001, 13 (17): 3875-3881.
[18] Wilson J N, Idriss H. Effect of surface reconstruction of TiO_2 (001) single crystal on the photoreaction of acetic acid. J. Catal., 2003, 214 (1): 46-52.
[19] Sayama K, Mukasa K, Abe R, et al. A new photocatalytic water splitting system under visible light irradiation mimicking a Z-scheme mechanism in photosynthesis. J. Photoch. Photobio. A-Chemistry, 2002, 148 (1-3): 71-77.
[20] Li G Q, Wang W L, Yang N, et al. Composition dependence of $AgSbO_3/NaNbO_3$ composite on surface photovoltaic and visible-light photocatalytic properties. Appl. Phys. A-Mater., 2011, 103 (1): 251-256.

补充：基本概念

1. 颗粒尺寸

颗粒尺寸是经常被提到的一个半导体光催化材料相关的基本概念。通常有三种方法进行估计，(1) Scherrer 公式法；(2) 比表面积法；(3) 电子显微镜图像法。下面详细介绍。

利用 X 射线衍射（X-ray diffraction，XRD）数据，通过 Scherrer 公式估计光催化剂的颗粒尺寸。

$$d_{XRD} = \frac{K\lambda}{\beta\cos\theta} \tag{2.3}$$

这里的 d_{XRD}，K，λ，β，θ 分别是垂直于相应的晶格平面的颗粒尺寸、形状因子（常数）、X 射线的波长、修正的 XRD 峰的半高全宽（full width at half maxima，FWHM）和衍射角。为了保证结果的有效数字为 3 位，K 通常取 0.891。另外需要注意的一点是，在进行 FWHM 的修正时，需要考虑两种修正：一个是由于 $K_{\alpha2}$ 射线的拓宽修正；另一种是由于在衍射仪中的光路的拓宽修正。在科研工作中，对于第一个修正可以在 XRD 分析软件 Jade 中，采用扣除 $K_{\alpha2}$ 射线的方法处理，直接得到扣除 $K_{\alpha2}$ 射线的结果。第二种修正属于测试仪器本身带来误差，很多文献直接忽略此项修正，主要是因为在比较颗粒尺寸时都是在同一台仪器上得到的结果。此外，晶格畸变也会引起 XRD 峰 FWHM 的加宽，此时应采用威廉姆森-霍尔公式进行分析[1]。

比表面积是多孔固体物质单位质量所具有的表面积。如果没有孔洞，假设颗粒是球形情况下可以通过以下公式计算颗粒尺寸 d_{BET}。

$$d_{BET} = \frac{6}{S_{BET} \times \rho} \tag{2.4}$$

此处，S_{BET} 是 Brunauer-Emmett-Teller（BET）比表面积，可以采用氮气吸附脱附的办法测得；ρ 是材料密度，可以查相关文献，新材料可以进行实际测量。

通过显微镜照片也可以估计颗粒尺寸，主要是扫描电子显微镜（scanning electron microscope，SEM）或透射电子显微镜（transmission electron microscope，TEM）图像，下面以 SEM 为例。主要的步骤是：首先，在 SEM 照片中任意画若干条直线（10 条以上），估计每条线的长度。其次，计算每条线穿过的颗粒个数，注意此时不论颗粒大小只要直线穿过就计算在内。然后，用直线长度除以颗粒个数，得到在一条线上的平均颗粒尺寸。最后，将所有直线的结果再次取平均，即得平均颗粒尺寸。

作者认为以上三种颗粒尺寸还是有一些差别的，三者关系如图 2.11 所示[2]。Scherrer 公式法估计的结果是平均纳米晶尺寸，其估计结果最小。比表面积法给出的是平均颗粒尺寸，也可以说是紧密结合在一起没有孔洞的多个一次晶粒的聚集体。电子显微镜法给出的是聚集体平均尺寸，是直观的结果。

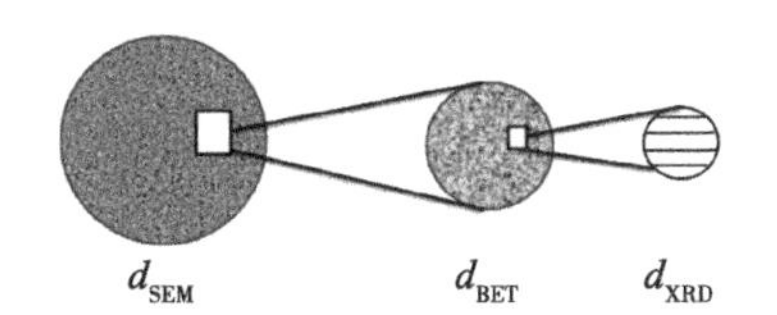

图 2.11 三种估计方法得出颗粒尺寸结果示意图

参考文献

[1] Williamson G K，Hall W H. Acta Metall.，1953，1：22.
[2] Li G Q. Mater. Chem. Phys.，2010，121：42.

2. 量子尺寸效应

另一个涉及光催化剂尺寸的问题是“量子尺寸效应”。当固体颗粒的尺寸变得与块体材料的激子玻尔半径相近时，系统形成一系列分立的量子能级，电子在其中运动受到约束。半导体粒子将存在不连续的最高占据分子轨道、最低未被占据的分子轨道和能隙变宽，以上这些现象称为量子尺寸效应。对于宏观物体包含无限多个原子，由式（2.5）

$$\delta = 4E_F/3N \tag{2.5}$$

（δ、N、E_F 分别是能级间距、包含的原子数、费米能级）

可得能级间距 $\delta\approx0$，即对大粒子和宏观物体能级间距几乎为零；而对于纳米粒子，所包含的原子数有限，N 值很小，导致 δ 有一定的值，即能级间发生分裂[1]。

在光催化剂的表征中，特别是观察到样品的光吸收谱发生蓝移，通常都归于量子尺寸效应。对于锐钛矿和金红石颗粒的玻尔半径分别已经被估算为 2.5nm 和 0.3nm[2]。小尺寸的二氧化钛晶体颗粒的制备似乎很困难，在文献中说到的二氧化钛颗粒显示的量子尺寸效应可能比这些尺寸更大。假如观察到这些样品吸收边的蓝移，可能是因为二氧化钛无定形部分，而不是量子尺寸效应。对于不同方法制备的光催化剂，吸收边经常会不同，这也不能完全用量子尺寸效应解释，具体原因需要慎重分析[3]。

参考文献

[1] 马洪磊，薛成山．纳米半导体．北京：国防工业出版社，2009：5.

[2] Nosaka Y，Nosaka A. Nyumon Hikarishokubai. Tokyo：Tokyo Tosho，2004：59（Japanese）.

[3] Li G Q，Kako T，Wang D，et al. J. Phys. Chem. Solids，2008，69：2487.

3. 化学反应动力学

化学反应动力学主要研究反应速率和各种因素对反应速率的影响以及反应历程。反应速率是描述化学反应进展情况的术语，其定义是反应进度(ξ)随时间(t)的变化率。对于多相催化反应，反应速率可定义为

$$r = \frac{1}{Q}\frac{\mathrm{d}\xi}{\mathrm{d}t} \tag{2.6}$$

Q 是催化剂的用量，可以是质量、体积和表面积。对于分子经一次碰撞后，在一次化学行为中就能完成的反应，其速率与反应物的浓度（含相应的指数）的乘积成正比，其中浓度的指数就是反应中各反应物质的计量系数。例如

$$\mathrm{A} \longrightarrow 产物$$

其速率为

$$r = k[\mathrm{A}] \tag{2.7}$$

k 是一个与浓度无关的量，称为速率常数，其数值直接反映了速率的快慢。在速率方程中，各物质浓度项的代数和称为该反应的级数。反应速率只与物质浓度的一次方成正比者为一级反应。通过绘制反应物或产物浓度的对数随时间的变化图，分析反应的动力学数据，我们获得了一条直线，而直线斜率的绝对值就是速率常数 k [1]。

参考文献

[1] 傅献彩，等．物理化学下册．5 版．北京：高等教育出版社，2006：154，159-163.

4. 比表面积

比表面积（specific surface area，单位为 $m^2 \cdot g^{-1}$）就是 1g 固体表面所占有的总表面积。固体有一定的几何外形，借助通常的仪器和计算可求得其表面积。但粉末或多孔性物质表面积的测定较困难，它们不仅具有不规则的外表面，还有复杂的内表面。比表面积的测量，无论在科研还是工业生产中都具有十分重要的意义。一般比表面积大、活性大的多孔物，吸附能力强。

BET 比表面积是 BET 比表面积测试法的简称，该方法是依据著名的 BET 理论为基础而得名。BET 是三位科学家名字（Brunauer、Emmett 和 Teller）的首字母缩写，三位科学家从经典统计理论推导出的多分子层吸附公式，即著名的 BET 方程，成为颗粒表面吸附科学的理论基础，并被广泛应用于颗粒表面吸附性能研究及相关检测仪器的数据处理中。BET 比表面积测试法只适用于比压在 0.05～0.35 的范围内，这是由其多层物理吸附的假设决定的。当比压小于 0.05 时，压强太小，建立不了多层物理吸附平衡。甚至连单分子层物理吸附也远未形成，表面的不均匀性特别突出。比压大于 0.35 时，由于毛细凝聚变得显著起来，因而破坏了多层物理吸附平衡[1]。

BET 比表面积测试法可用于测颗粒的比表面积、孔容、孔径分布以及氮气吸附脱附曲线，对于研究颗粒的性质有重要作用。

参考文献

[1] 傅献彩，等．物理化学下册．5 版．北京：高等教育出版社，2006：367.

5. 纳米结构

纳米材料是指在三维空间中至少一维处于纳米尺度范围或由它们作为基本单元构成的材料，纳米颗粒限制在 1～100nm 范围。按维数可以分为三类：(1) 零维指三维尺度均在纳米尺度，如量子点、纳米颗粒、原子团簇。(2) 一维指在三维空间有两维处于纳米尺度，如纳米棒、纳米线、纳米带、纳米管。纵横比小的称为纳米棒，纵横比大的称为纳米线，一般长度小于 1μm 的纳米线称为纳米棒，长度大于 1μm 的称为纳米线。(3) 二维指在三维空间中有一维在纳米尺度，如超薄膜、超晶格、纳米片[1]。

具有各种纳米结构的光催化剂的制备和光催化性能研究的文献越来越多[2]。

纳米结构主要有纳米粒子、纳米片、纳米立方体、纳米棒、纳米管或纳米线。自从 Iijima 在直流碳弧放电的沉淀物中发现碳纳米管以来，各种纳米结构材料的制备以及应用引起人们极大兴趣[3]。价格低廉的水热反应釜的普及使用使得各种纳米结构的光催化剂的制备变得相对比较容易。在水热反应中控制反应条件可以制备出大多数无机化合物的纳米结构。这些纳米结构光催化剂的扫描电子显微镜（SEM）和透射电子显微镜（TEM）照片非常有趣和吸引人。然而，我们不知道什么样的结构参数对光催化性能起主要作用，以及这一参数如何起作用。所以，我们并不能确定纳米结构的材料优势所在。

最近，通过控制反应气相的钛（Ⅳ）、氯和氧在 1473K 成功地制备出了十面体形状的锐钛矿二氧化钛粒子（DAPs）（图 2.12），其报道的光催化活性比商业用二氧化钛粒子（如 Degussa P25）具有更高的活性[4]。大概是由于较大的比表面积和高结晶度。较大的比表面积吸附了大量的反应物；较低的缺陷密度减少了电子空穴的复合。然而，十面体的形状本身是如何影响光催化性能的呢？在以往的研究中，以一种商业用二氧化钛粉末为研究对象，对物理性质和结构性能进行了系统研究，揭示光催化性能的主要影响因素，主要考察了比表面积、晶体缺陷密度、初级粒子的尺寸、二次粒径和锐钛矿与金红石相的比例[5]。研究发现对于五种标准反应的光催化性能很好地重现以上六种物理和结构性能的线性组合[6]。但是，DAPs 的高光催化性能不能通过与上述多变量相关的公式重现出来，说明形状可能影响光催化剂的性能。在以上多变量的研究过程中，没有考虑各个晶面之间的电子传输对其光催化性能的影响。通过单分子荧光显微镜的研究，人们发现在二氧化钛的{001}和{101}之间存在电子传输，即电子在{101}上发生还原反应，如图 2.12 所示[7]。最近，中国科学院大连化学物理研究所李灿院士课题组，通过微区表面光电压谱研究 $BiVO_4$ 样品，发现在{010}和{011}间也存在电子传输现象[8]。

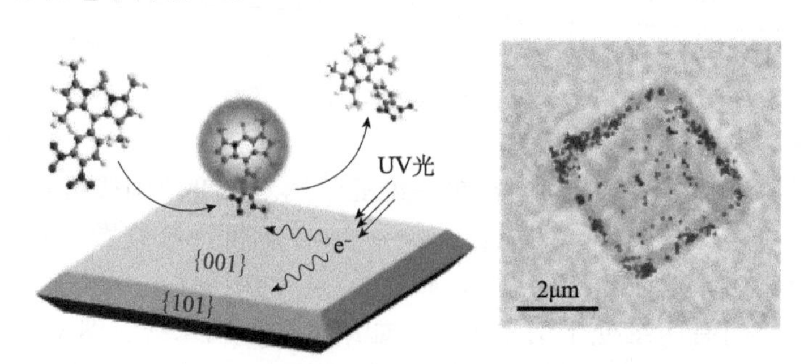

图 2.12　光催化荧光产生机理以及透射荧光图像[6]

参考文献

[1] 马洪磊，薛成山．纳米半导体．北京：国防工业出版社，2009：3.
[2] Chen X，Mao S S. Chem. Rev.，2007，107：2891.
[3] (a) Iijima S. Nature，1991，354：56.
(b) Han L，Cai Y，Tang P，et al. Mater. Today，2015，18：410.
[4] Amano F，Prieto-Mahaney O，Terada Y，et al. Chem. Mater. 2009，21：2601.
[5] Prieto-Mahaney O，Murakami N，Abe R，et al. Chem. Lett.，2009，38：238.
[6] Ohtani B，Prieto-Mahaney O，Amano F，et al. J. Adv. Oxid. Technol.，2010，13：247.
[7] Tachikawa T，Yamashita S，Majima T. J. Am. Chem. Soc.，2011，133 (18)：7197-7204.
[8] Zhu J，Fan F，Chen R，et al. Angew. Chem.，2015，54：9111-9114.

第 3 章　掺杂铌酸钠光催化材料及性能

铌酸钠($NaNbO_3$)作为光催化材料主要有两大缺点：(1) 只吸收紫外光；(2) 光催化性能较低。为了克服以上缺点，研究者做了很多尝试，主要有掺杂和复合两大类改进方法，在接下来的两章中将详细综述各个方法中的有益成果。

本章主要关注掺杂方法对 $NaNbO_3$ 结构和性能的影响，特别是光催化性能。首先，综合讲述掺杂类型。然后，详细阐述典型掺杂取得的科研成果，主要有：(1) 银掺杂 $NaNbO_3$ 气相降解异丙醇；(2) 铜掺杂 $NaNbO_3$ 降解罗丹明 B(RhB)；(3) 氮掺杂 $NaNbO_3$ 气相降解异丙醇。

3.1　掺杂类型

下面详细介绍金属离子掺杂和非金属离子掺杂。

3.1.1　金属离子掺杂

金属离子掺杂是将金属离子引入半导体光催化材料晶格中，通过引入新电荷、形成缺陷等改变半导体光催化材料的能带结构，影响光生电子和空穴的产生和输运性质，最终导致光催化性能的变化。

金属离子掺杂的研究主要集中于掺杂离子种类和掺杂量对光催化活性的影响。掺杂在 TiO_2 光催化材料研究中取得了丰富的研究结果。Choi 等以氯仿氧化和四氯化碳还原为模型反应，研究了 21 种金属离子对量子尺寸的 TiO_2 粒子的掺杂效果，研究结果表明，0.1%～0.5% 的 Fe^{3+}、Mo^{5+}、Ru^{3+}、Os^{3+}、Re^{5+}、V^{4+} 和 Rh^{3+} 的掺杂能够促进光催化反应，而 Co^{3+} 及 Al^{3+} 的掺杂会降低光催化活性；同时还表明，具有闭壳层电子构型的金属如 Li^{+}、Mg^{2+}、Al^{3+}、Zn^{2+}、Ga^{3+}、Zr^{4+}、Nb^{5+}、Sn^{4+}、Sb^{5+}、Ta^{5+} 等的掺杂对光催化影响很小。掺杂的浓度对光催化性能也有很大的影响，通常存在一个最佳浓度值，在较低浓度时，光催化性能增强；在高浓度时，光催化性能减弱。总之，掺杂的结果主要有正反两方面的影响：(1) 掺杂的金属离子杂质在禁带中形成局域能级，使 TiO_2 的光波长响应范围拓展到可见光区域，提高对太阳光的利用率；(2) 掺杂的金属离

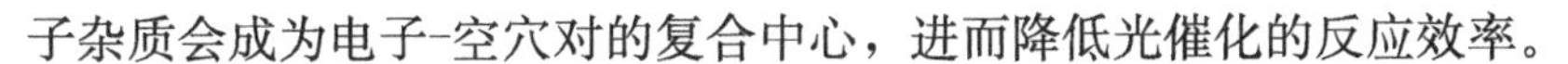

子杂质会成为电子-空穴对的复合中心，进而降低光催化的反应效率。

金属离子掺杂改性 $NaNbO_3$ 主要有：（1）金属离子单掺杂或形成固溶体，如 Ag^+、Cu^{2+}、K^+[1-3]。银掺杂详见3.2节，铜掺杂详见3.3节。（2）金属离子共掺杂，如 Ir^{3+} 与碱土金属或镧系金属离子、La^{3+} 和 Co^{3+} 共掺杂[4,5]。

3.1.2 非金属离子掺杂

过渡金属离子掺杂和还原态的 TiO_x 光催化材料在热稳定及能带位置等方面都有一定的缺陷，使光催化材料的活性受到限制。因而，非金属掺杂也引起了广泛关注。N掺杂最早见于1986年Sato的报道，其利用 $TiCl_4$ 在氨水中水解的方法制备了N掺杂的 TiO_2，但由于活性没有显著提高，当时并没有引起广泛的关注[6]。2001年，Asahi等通过密度泛函理论研究表明，非金属掺杂需要满足以下三个条件，才可能产生可见光的光催化活性：（1）掺杂能够在 TiO_2 带隙间产生一个能吸收可见光的局域能级；（2）导带底（conduction band minimum，CBM）位置不能太低，以保持其光稳定性；（3）形成的带隙能级应该与 TiO_2 能级有足够的重叠，以保证光激发载流子在其寿命内转移到光催化材料表面的活性位置。Asahi等用物理溅射方法在 TiO_2 中掺杂N元素，制备的 $TiO_{2-x}N_x$ 光吸收波长达到了500nm，并且在可见光下降解亚甲基蓝、乙醛以及亲水性三方面均表现出了优越的性能[7]。近年来，在众多N掺杂 TiO_2 的研究工作中[8-10]，除了研究 TiO_2 的氮掺杂改性光催化材料以外，N掺杂技术也被应用到其他的材料体系[11-13]。目前，关于N掺杂的实验研究结果和理论计算表明，当N的掺杂量较低时，N掺杂后的样品将不改变材料的能带间隙，N将以局域能级N 2p的形式孤立地处于价带O 2p的上方。当N的掺杂量较大时，将实现N 2p和O 2p的轨道杂化，进而减小了材料能带间隙，实现了可见光的吸收。

非金属离子改性 $NaNbO_3$ 主要是N掺杂，改善其光学吸收性质，实现其可见光光催化性能，详见3.4节[14]。

3.2 银掺杂铌酸钠

为了更好地利用太阳光和室内光源，开发高效降解有机物的可见光响应光催化剂已成为光催化领域的研究热点之一。对于可实用化的可见光光催化剂而言，良好的光稳定性和可见光吸收性能是两个必要条件。光稳定性要求其导带底的电位应该比 $O_2/O_2^{\cdot-}$ 的电位更负。铌酸盐氧化物的导带主要由Nb 4d轨道构成，其电位比 $O_2/O_2^{\cdot-}$ 的电位更负。同时，良好的可见光吸收性能要求光催化材料具有较窄的带隙。Ag 4d可以与O 2p杂化形成价带，有效地抬高价带顶的位置。与相同结构无杂化的氧化物相比，其光学带隙相对较小。

银掺杂 $NaNbO_3$ 主要是通过控制材料中 Ag 的含量，调整 Ag 与 O 的杂化程度，实现价带顶位置和氧化还原电位的有效控制，达到调控光生空穴氧化能力的目的。采用 Ag 替代 Na 主要是基于以下考虑：Na 的原子半径比 Ag 的原子半径小 9.8%，在 15%的经验限制之内；Na 和 Ag 具有相同的价态，正常情况均为+1 价；含 Ag 的铌酸盐 $AgNbO_3$ 具有与 $NaNbO_3$ 相似的晶体结构。以上考虑也满足形成固溶体的基本要求：母体材料结构相似；替代原子的原子半径相似；电负性相近；化合价态相似。

本节详细介绍固相合成的 $Na_{1-x}Ag_xNbO_3$ 固溶体的物理性质和光催化性能。其结果表明 $Na_{1-x}Ag_xNbO_3$ 固溶体光催化材料具有良好的光催化性能；同时，Ag 的含量（即 x 值）对材料的可见光光催化性质有显著的影响。

3.2.1 晶体结构

图 3.1（a）是 $Na_{1-x}Ag_xNbO_3$ 样品的 XRD 图谱。从图中可以看出：所有的样品都是具有正交对称的赝钙钛矿结构。$NaNbO_3$ 的晶体结构是以 NbO_6 八面体形成的网状结构，Na 原子填充在四个 NbO_6 八面体之间的间隙。随着 Ag 原子含量的增加，衍射峰的位置逐渐地向小的角度移动，如图 3.1（b）所示。根据布拉格衍射定律（Bragg's law），说明随着 Ag 含量的增加，晶格参数逐渐增大。从 XRD 结果中利用最小二乘法计算得到晶格参数，如图 3.1（c）所示。从图中可以看出，随着 Ag 含量的增加，a、b、c 轴晶格常数和晶胞体积都逐渐增大。这是因为 Na 的离子半径是 1.18Å，小于 Ag 的离子半径 1.28Å，所以，当 Ag 替代 Na 时，导致晶格参数增大。晶格参数的变化规律与 Kania 等发现的结果一致[15]。

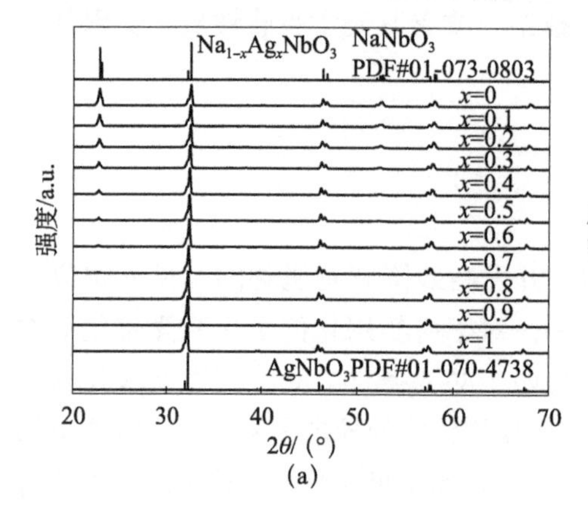

(a)

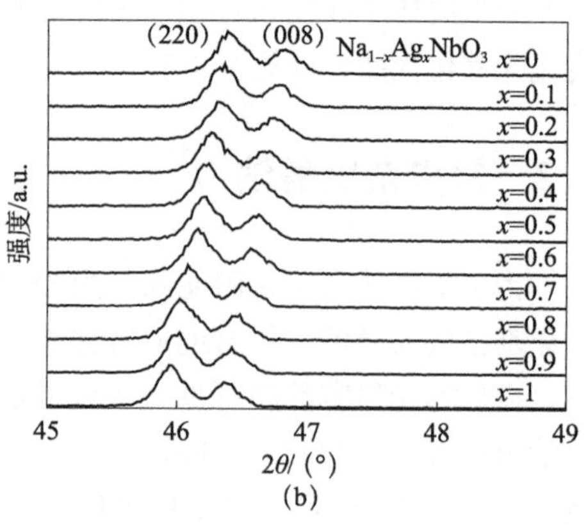

(b)

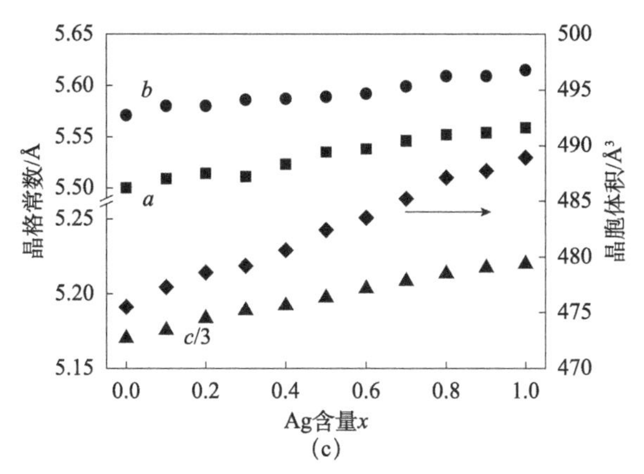

(c)

图 3.1　$Na_{1-x}Ag_xNbO_3$样品的 XRD 图谱（a）、局部放大图（b）和晶格参数变化图（c）

此外，随着 Ag 含量的增加，22°和 53°的衍射峰强度逐渐降低。虽然衍射峰强度取决于很多因素，但是在相同的条件下，结构和原子散射系数的几何结构因子是最重要的因素之一。原子散射吸收决定于元素的种类。当 Ag 替代 Na 时，导致原子散射吸收不同，最终产生不同的几何结构因子。这导致 22°和 53°的衍射峰强度逐渐增加。

若一种固相化合物的组分离子或原子可以均匀地分散于另一个固态化合物的晶体结构中，则可以形成化学上均匀的固溶体。通常前者称为溶质或掺杂组分，后者称为溶剂。当溶质和溶剂可以按任意比例相互固溶时则形成连续固溶体。在以上银掺杂的样品中，所有样品具有相同的晶体结构，并且为单一物质；Ag 的含量可以在 0～1 无限制变化。这说明 $Na_{1-x}Ag_xNbO_3$是连续固溶体。

图 3.2 是 $Na_{1-x}Ag_xNbO_3$固溶体的拉曼光谱图。NbO_6八面体内振动产生从 160～900cm^{-1}的振动峰。170～300cm^{-1}的振动峰的分裂对应于退化的 ν_6和 ν_5振动模式。位于 430cm^{-1}和 375cm^{-1}的低强度的 ν_4是与 Nb—O—Nb 连接的弯曲振动模式相关[16]。低强度说明两个 NbO_6的连接角度接近 180°。在 570～605cm^{-1}和 520～570cm^{-1}两个区间的振动峰 ν_1和 ν_2对应于不同 Nb—O 键长的伸缩振动模式[17]。显然，这个振动带随着 Ag 含量的增加逐渐地向低波数移动。Shiratori 等报道，随着粒径的减小，$NaNbO_3$的这个拉曼峰会向低波数移动[16]。然而，在 $Na_{1-x}Ag_xNbO_3$样品中随着 Ag 含量增加，颗粒尺寸增大，详见 SEM 讨论。这说明 ν_1和 ν_2的移动不是由颗粒尺寸变化导致的，而是由结构变化引起的。由 $NaNbO_3$的晶体结构可以知道，Na 填充在 NbO_6的网状结构中间。当 Na 被离子半径较大的 Ag 取代后，造成 Nb—O 之间的键长增大。这些结果说明 Ag 取代 Na 导致了 NbO_6八面体尺寸的增加。

$NaNbO_3$和 $AgNbO_3$有复杂的相变过程。在 615～690K，$AgNbO_3$可以从正

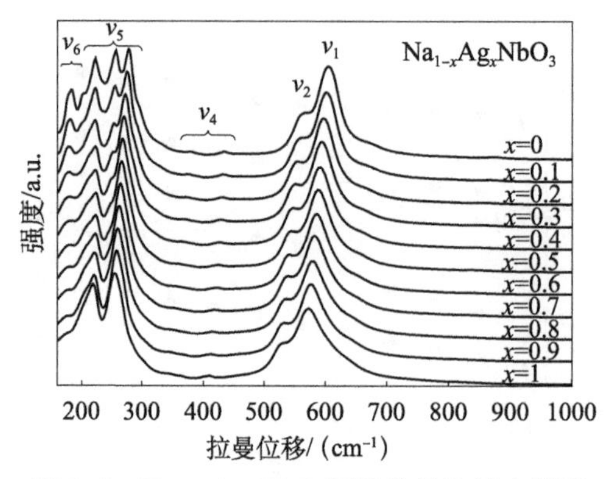

图 3.2 $Na_{1-x}Ag_xNbO_3$ 固溶体的拉曼光谱图

交的 M_3 相转变为正交的 O_1 相[18]，其中 M_3 相是一个在菱方取向具有正交对称的反铁电相，O_1 相是一个在平行取向具有正交对称的顺铁电相；$NaNbO_3$ 可以从正交的 P 相转变为正交的 R 相，其中 P 相和 R 相分别是在菱方取向和平行取向具有正交对称的反铁电相[19]。从图 3.3（a）中可以看出，在加热的过程中，当 Ag 含量从 0 增加到 0.4 时，吸热峰的位置从 629.2K 增加到 669.7K；然后当 Ag 的含量继续增加到 1 时，吸热峰的位置减小到 645.4K，如图 3.3（b）所示。

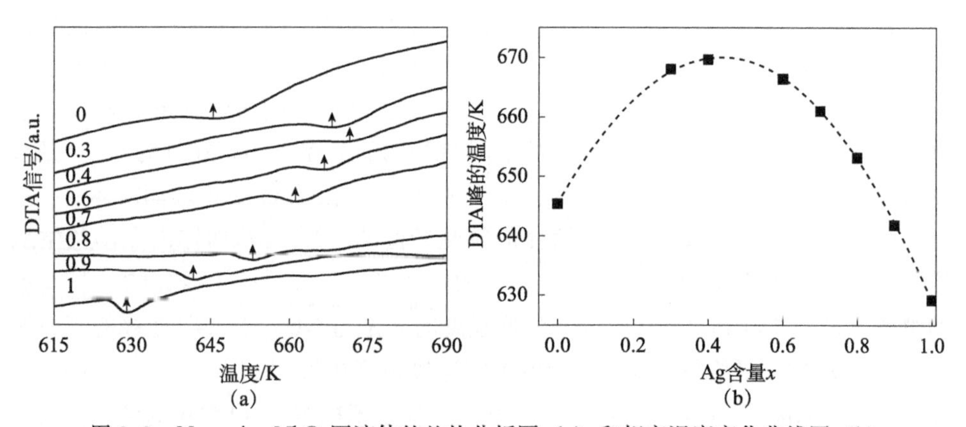

图 3.3 $Na_{1-x}Ag_xNbO_3$ 固溶体的差热分析图（a）和相变温度变化曲线图（b）

3.2.2 表面形貌和吸附性能

图 3.4 是 $AgNbO_3$、$Na_{0.4}Ag_{0.6}NbO_3$ 和 $NaNbO_3$ 样品的扫描电子显微镜照片。利用截距法从图中可以估计出平均粒径分别为 1.5μm、1.0μm 和 0.6μm。显然，随着 Ag 含量减少，颗粒尺寸减小。此外，BET 比表面积随着 Ag 含量增加而减小，如图 3.5 所示。SEM 结果与 BET 比表面积的结果都说明 Ag 取代 Na 加快了固溶体颗粒的生长。假设样品由球形的颗粒堆积而成，则可以利用 BET 比表

面积估计颗粒大小。$NaNbO_3$和$AgNbO_3$的理论密度分别是4.57g·cm^{-3}和6.80g·cm^{-3}[20,21]，估计$AgNbO_3$和$NaNbO_3$的颗粒大小分别为1.4μm和0.7μm，这与SEM观察的结果相一致。不同的比表面积会导致不同的吸附性质。图3.5显示随着Ag含量从0.5增加到1，吸附的异丙醇（IPA）的量从2.5μmol减小到0.5μmol。很显然，这种吸附性能的变化来自于比表面积的减小。

图3.4　$AgNbO_3$(a)、$Na_{0.4}Ag_{0.6}NbO_3$(b)和$NaNbO_3$(c)样品的扫描电子显微镜照片

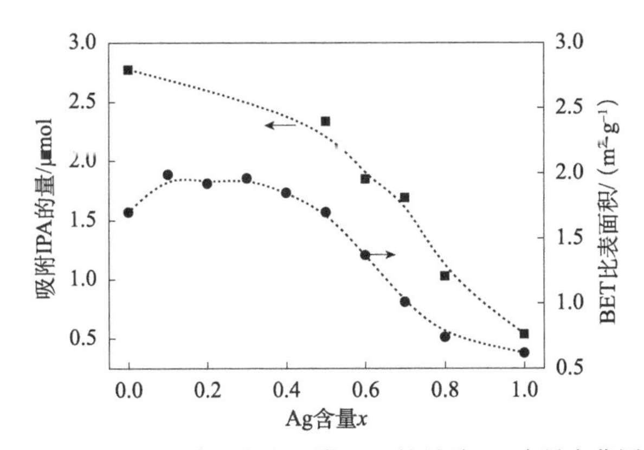

图3.5　BET比表面积和吸附IPA的量随Ag含量变化图

3.2.3　光学性能和能带结构

图3.6是$Na_{1-x}Ag_xNbO_3$固溶体样品的紫外可见吸收光谱图。从图中可以看出，随着Ag含量的增加，吸收边逐渐红移。这说明随着Ag含量的增加，固溶体的光学带隙逐渐减小。估计所得光学带隙如图3.6插图所示。通过对$Na_{1-x}Ag_xNbO_3$固溶体样品的带隙在0.2～1进行线性拟合发现，带隙$E_g(x)$与Ag含量x有很好的线性关系。其线性相关因子$R^2=0.999$，这与理想值1很接近。这说明随着Ag含量的增加，光学带隙成线性减小的关系。其线性回归方程如下：

$$E_g(x)=3.18-0.40x \tag{3.1}$$

从方程中可以看出，当 $x>0.5$ 时，其带隙会小于 3.0eV，具有可见光吸收。

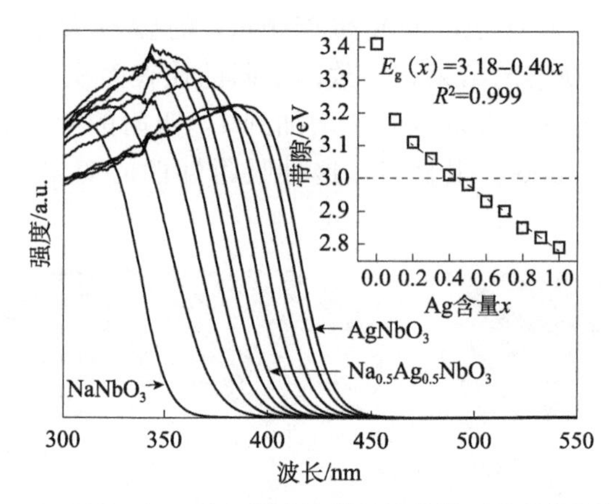

图 3.6　$Na_{1-x}Ag_xNbO_3$ 固溶体样品的紫外可见吸收光谱图

插图为估计的光学带隙随 Ag 含量的变化曲线。R 是相关因子

为了更好地理解光学带隙的变化规律，我们利用 DFT 方法计算吸收光谱，并估计带隙，结果如图 3.7 所示。从图中可以看出，随着 Ag 含量的增加，吸收带边发生红移。这与实验结果相一致。利用第 2 章的方法计算出光学带隙。除去 $NaNbO_3$ 的带隙外，固溶体的带隙随 Ag 含量的线性回归方程是

$$E_g(x) = 2.65 - 0.70x \tag{3.2}$$

此外，通过能量色散关系中，导带底和价带顶的能量差，也可以计算出带隙。计算结果与 Ag 含量的线性回归方程是

$$E_g(x) = 2.62 - 0.40x \tag{3.3}$$

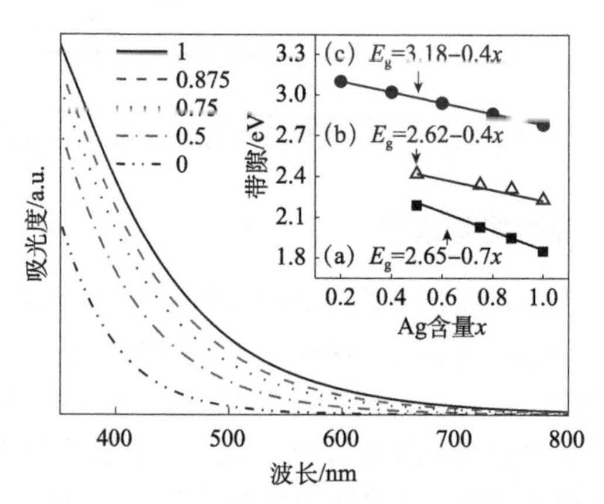

图 3.7　$Na_{1-x}Ag_xNbO_3$（x=0，0.5，0.75，0.875 和 1）固溶体计算所得吸收光谱图

插图为各种方法估计的光学带隙随 Ag 含量的变化曲线

对比方程（3.1）和（3.3）可以发现，它们除了都具有线性关系外，还有

相同的斜率：0.4。如果从量纲角度看，其单位应该是 eV/%。这表明其物理意义是在此体系中，Ag 4d 和 O 2p 杂化能量每减少 1%的 Ag，其带隙增大 4meV。

态密度能够提供很多关于导带和价带组成的信息，可以更加深入地理解能带结构。利用局域密度泛函理论计算 $Na_{1-x}Ag_xNbO_3$（x=0，0.5，0.75，0.875 和 1）的总态密度和局域态密度如图 3.8 所示。从图 3.8（a）中可以看出，p 轨道主要对价带和高能量部分的导带有贡献。对比 $NaNbO_3$的 p 轨道对价带的贡献和总态密度中价带部分的态密度，可以发现 p 轨道基本没有变化。图 3.8（b）表明 Ag 4d 轨道对价带的贡献随 Ag 含量的增加而逐渐增大，导致在费米面附近的态密度增大。此外 Ag 4d 轨道基本对导带底的浅能级没有贡献。图 3.8（c）表明 Nb 4d 轨道主要参与费米面以下深能级和导带底的组成。总态密度表明费米面附近的态密度受 Ag 含量调制。这些计算结果表明固溶体的价带顶主要由 Ag 4d 和 O 2p 轨道杂化构成，含有很少 Nb 4d 轨道贡献。

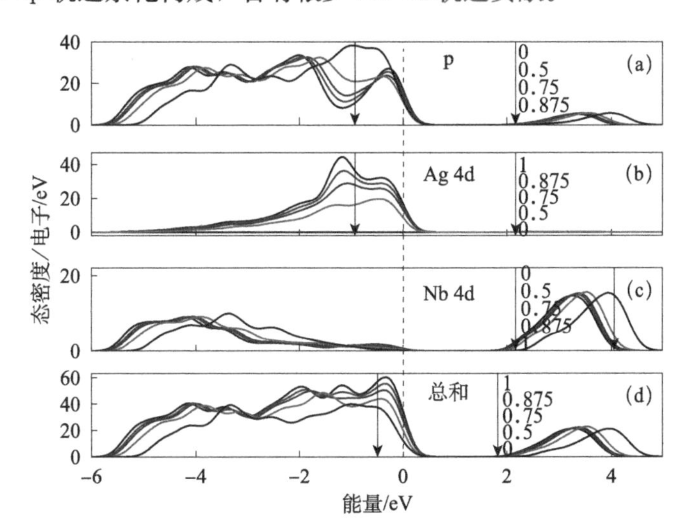

图 3.8　理论计算所得 $Na_{1-x}Ag_xNbO_3$（x=0，0.5，0.75，0.875 和 1）的总态密度和局部态密度

能量从费米能级算起

3.2.4　光催化降解有机物的性能

用可见光照射分解异丙醇评价光催化性能。光源采用冷光源蓝光发光二极管（BLED）减少热效应。从图 3.9 中可以看出，当 Ag 含量从 1 减小到 0.6 时，丙酮的生成速率从 0.8ppm・h^{-1}增加到 2.8ppm・h^{-1}；然后随着 Ag 含量的逐渐减小而减小。与母体材料相比较，$Na_{1-x}Ag_xNbO_3$（x=0.8，0.7，0.6 和 0.5）固溶体样品具有较高的可见光光催化活性。在所有样品中，$Na_{0.4}Ag_{0.6}NbO_3$样品具有最高的光催化性能。

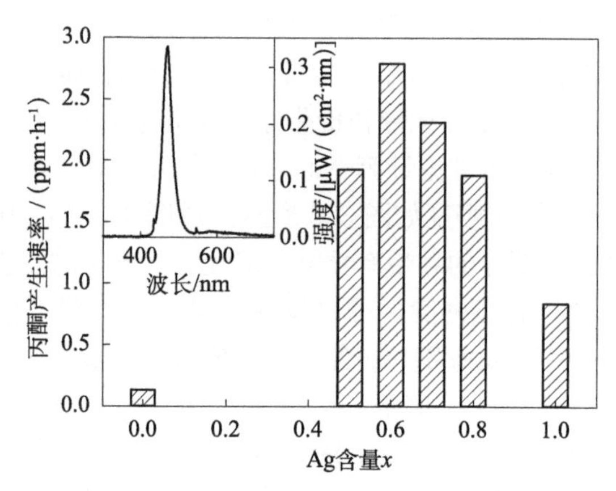

图 3.9　在蓝光发光二极管（BLED）照射下，$Na_{1-x}Ag_xNbO_3$ 固溶体的丙酮生成速率随 Ag 含量变化图

插图为 BLEDs 的光谱图，光强为 0.01mW・cm^{-2}。催化剂：0.4g

可见光光催化性能受很多因素的影响。在 $Na_{1-x}Ag_xNbO_3$ 固溶体体系中，主要有氧化能力、颗粒大小和可见光吸收能力。氧化能力由价带顶决定。当 Ag 含量增加时，价带顶电位越来越负，氧化能力越来越弱。随着 Ag 含量增加，颗粒越来越大。这两方面的因素不利于提高光催化性能。另一方面，可见光吸收能力变强，通常这被认为是可见光光催化性能提高的有利因素。在$Na_{0.4}Ag_{0.6}NbO_3$ 样品中，这种氧化能力、颗粒大小和可见光吸收能力等因素之间的竞争最终导致了其最高的光催化性能。

为了进一步考察固溶体的氧化能力。详细研究了 $Ag_{0.7}Na_{0.3}NbO_3$ 矿化异丙醇的过程。异丙醇的浓度降低，丙酮的浓度先升高后降低，二氧化碳的浓度逐渐升高。这说明异丙醇通过中间产物丙酮矿化为二氧化碳。丙酮和二氧化碳的生成速率分别约为 2.3ppm・h^{-1} 和 0.3ppm・h^{-1}。显然，丙酮的生成速率比二氧化碳的生成速率高。这表明丙酮氧化成二氧化碳比异丙醇氧化成丙酮相对困难。这可能是由于异丙醇氧化成丙酮是单电子过程，而丙酮氧化成二氧化碳是多电子过程[22,23]。

以上研究结果表明，$AgNbO_3$ 可以与 $NaNbO_3$ 形成连续固溶体，并且 Ag 含量（x 值）对固溶体的光催化性能有显著的影响。当 $x>0.5$ 时，$Na_{1-x}Ag_xNbO_3$ 具有可见光吸收并且有降解和矿化异丙醇的性能。通过脉冲激光沉积技术制备 $Na_{1-x}Ag_xNbO_3$ 光电极，采用电化学方法测定了其导、价带位置。其结果表明 Ag 确实可以调控价带顶的位置[24]。通过熔盐法处理 $NaNbO_3$ 纳米线可以制备具有核-壳结构的 $NaNbO_3$-$AgNbO_3$ 纳米线，在 400nm 光照下具有光催化分解水产氢的性能[25]。对于 $Na_{1-x}Ag_xNbO_3$ 固溶体的研究，尚待开展其表面性能变化的研究。

3.3　铜掺杂铌酸钠

Cu掺杂能够改变氧化物和硫化物的带隙结构。Cu替代$Na_2Ta_4O_{11}$中的Na，由于Cu 3d轨道参与价带顶组成，改变其电子结构，导致其具有可见光吸收特性[26]。Cu掺杂也可以提高氧化物光催化剂的光催化活性[27-29]。当Cu掺杂浓度较低时，催化材料$K_2Nb_4O_{11}$的光催化性能得到了显著的增强[27]。ZnO纳米棒随着Cu掺杂量的增加，光催化性能比纯ZnO纳米棒提高2倍[30]。Cu(Ⅱ)掺杂的$NaTaO_3$样品担载0.3wt%①NiO助催化剂后，光催化分解水制氢活性大幅度增强，并且在36h的实验中没有钝化现象的出现[31]。Cu掺杂的$AgNbO_3$光催化分解水产氧的能力得到了增强[32]。

本节系统地阐述了Cu掺杂$NaNbO_3$的物性特征以及光催化性能。Cu掺杂$NaNbO_3$通过高分子聚合法制备。Cu的引入几乎没有改变晶体结构和光学带隙，但增强了$NaNbO_3$吸附性能。2.6at%②掺杂的样品，当存在牺牲剂甲醇的时候，表现出最高的光催化制氢的性能。在可见光照射下，Cu掺杂显著改变了RhB降解的机制。

3.3.1　物性特征

根据$Na_{1-2x}Cu_xNbO_3$的分子式控制Cu的物质的量分别是0、0.026、0.052和0.078。最后的样品分别命名为NN、A、B和C。所有样品的X射线衍射图谱如图3.10所示。从图中可以发现所有样品均与正交结构的$NaNbO_3$（PDF＃19-1221）相吻合，没有杂相物质。通过XRD曲线中位于$2\theta=22.7°$衍射峰的半峰宽来判断结晶性，如图3.10（a）所示，Cu掺杂样品的半峰宽峰值比样品NN的值有所减小。这表明由于Cu的掺杂有助于晶体生长。通过半峰宽利用谢乐公式来计算晶粒尺寸：$d_{XRD}=0.9\lambda/(\beta\cos\theta)$，其中$\lambda$是X射线波长；$\beta$是半峰宽（弧度）；$\theta$是衍射峰的半角。通过计算NN的晶粒大小估计有13nm，掺杂Cu样品的晶粒大小估计有22nm。在$Na_2Nb_4O_{11}$中，当Cu代替Na，Na低于80%的时候，晶格常数才会增大[26]。所以，在以上XRD图中没有观察到峰位置的移动，这主要是由于Cu的浓度非常低造成的。

能谱（EDS）分析是分析物质化学成分的有效手段，高能入射电子对样品表面形成强烈轰击时，除会产生多种类型电子外，还会伴随放射出多种类型的射线（特征X射线）。特征X射线是测试材料本身原子的内层电子得到入射电子

---

① wt%在本书中指质量百分数。

② at%在本书中指原子百分数。

能量激发以后，在之后的能级跃迁中直接释放的一种电磁波，这种电磁波记载着物质本身的特征，具有其特征能量和波长，因此采集这种射线形成的图谱即具备了承载物质本身化学成分的信息。图 3.10（b）是样品的 EDS 分析结果，样品中 Cu/Nb 的真实比例非常接近理想值。这表明掺杂的 Cu 没有损失，依然存在于样品中。

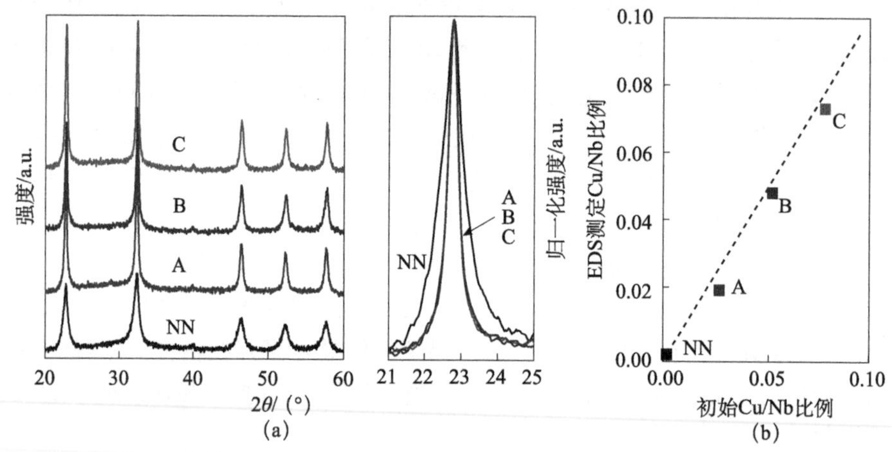

图 3.10 (a) NN、A、B 和 C 的 X 射线衍射图谱（左）；位于 22.7°主峰的归一化放大图谱（右）。(b) EDS 分析所得的 Cu/Nb 比例（方块），虚线部分代表理论值

为了确定 Cu 掺杂对催化剂造成的影响，用拉曼光谱仪和傅里叶变换红外光谱仪来表征样品，测定的结果如图 3.11 所示。拉曼光谱表明：Cu 的引入没有改变 NbO_6 的键长。这与 Ag 掺杂的结果不同。

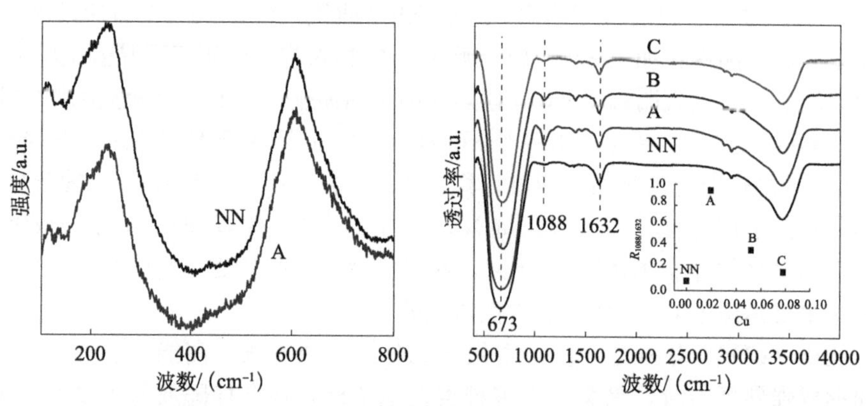

图 3.11 (a) NN 和 A 的拉曼光谱图；(b) NN、A、B 和 C 的傅里叶变换红外光谱图

在傅里叶变换红外光谱中，$1063cm^{-1}$ 的峰和吸附水的弯曲振动模式有关。傅里叶变换红外光谱仪是对物质进行结构分析和定性分析的重要手段。仪器主要由红外光源、干涉仪、样品室、检测器、激光器、控制电路板、电源以及各

种红外反射镜组成。傅里叶变换红外光谱测量时分两步进行：第一步，红外干涉图的测量，测量出的图谱是一种时域谱，极其复杂，难以解释，此处不再赘述；第二步，计算机通过快速傅里叶变换计算，得到固定的频域谱（以波长或波数为函数），这种频域谱即为红外光谱图。红外光谱是吸收光谱的一种，当被测量材料分子振动时，材料会吸收特定波长的红外光，根据吸收的强弱，得出红外光谱。当发生化学键振动后，原子有效质量及连接它们的化学键动力常数决定了材料吸收红外光的波长，所测光谱也就反映出了材料的结构特征。Zhong等发现 $Cu\text{-}O_{ads}\text{-}(CO)_{ads}$ 在大于 $1080cm^{-1}$ 的位置形成红外辐射[34]。因此，由于Cu掺杂引起表面吸附性能的变化引起了 $1088cm^{-1}$ 新的红外吸收峰。将 $1088cm^{-1}$ 峰强对 $1063cm^{-1}$ 的峰强归一化并做出比较，比较结果表明Cu的掺杂改变了 $1088cm^{-1}$ 和 $1063cm^{-1}$ 峰强度比，如图3.11（b）所示。从图中可以看出，A样品的数值最大，这意味它具有最好的吸附性能。

3.3.2　表面形貌和比表面

半导体材料作为光催化剂使用时，材料的形貌往往影响其光催化性质。通过电子显微镜，可以清楚直观地观察材料的表面形貌。从图3.12中可以看出，样品具有类球形形貌，颗粒尺寸相近，团聚现象明显。这种团聚现象可能是在温度升高的过程中，溶胶挥发太快，导致凝胶收缩剧烈而形成的。在柠檬酸盐法制备 $NaNbO_3$ 中也有类似的现象[35]。

图3.12　不同Cu掺杂量样品的场发射扫描电子显微镜照片

(a) NN；(b) A；(c) B；(d) C。标尺为100nm

样品NN、A、B和C的BET比表面积分别是$58m^2 \cdot g^{-1}$、$60m^2 \cdot g^{-1}$、$61m^2 \cdot g^{-1}$和$62m^2 \cdot g^{-1}$。Cu掺杂样品的比表面积略有增大。XRD结果表明随着Cu掺杂量的增加，其晶粒尺寸增大。所以，BET比表面积增大的现象不是样品颗粒变小造成的，而是由于Cu掺杂导致的表面吸附性能的变化引起的。

3.3.3 光催化性能

下面详细介绍其光催化分解水制氢性能和降解有机污染物性能。

1. 光催化分解水制氢性能

通过分解水制氢评价其在能源制备方面的光催化性能，结果如图3.13所示。随着照射时间的延长，四个样品均表现出持续分解水产生氢气的能力。A样品（2.6at% Cu掺杂）表现出最高的光催化性能。产氢的顺序为C<B<NN<A。C的产氢速率为$112\mu mol \cdot h^{-1}$，B的为$214\mu mol \cdot h^{-1}$，NN的为$228\mu mol \cdot h^{-1}$，A的为$343\mu mol \cdot h^{-1}$。这些结果均大于在不同气氛中固相反应制备样品的产氢速率。适量的Cu掺杂增强了光催化制氢的性能。非晶的Cu(Ⅱ)簇修饰α-Bi_2O_3表现出增强的光催化活性[37]。因此，增强的产氢效率主要是因为Cu掺杂改变了样品的表面性质。

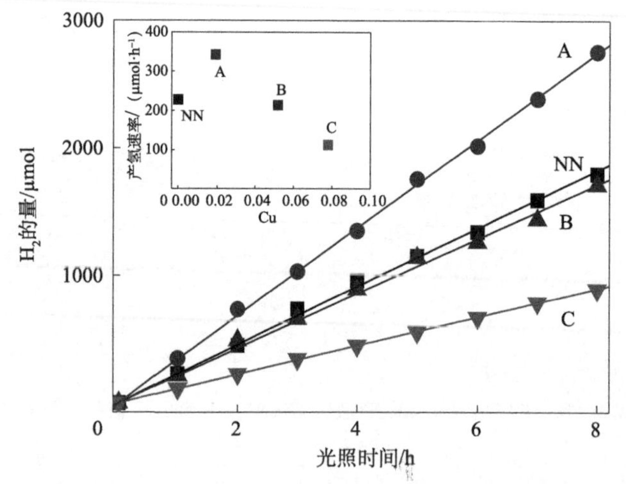

图3.13 NN、A、B、C在甲醇水溶液中随照射时间变化产氢数量图

插图是产氢速率图。光源：300W Xe灯；催化剂：0.05g；40mL超纯水+10mL甲醇；Pt 0.5wt%助催化剂；氮气常压

2. 光催化降解RhB性能

通过可见光降解RhB评价其在环境净化方面的光催化性能，结果如图3.14所示。纯的$NaNbO_3$在可见光照射下降解RhB的性能较差。样品A具有很好的降解性能。在样品A存在的情况下，RhB发生明显的光催化降解，主

要现象：最大吸收波长从554nm逐步向更小的波长移动，最终达到498nm；最大吸光度在逐步减少。波长移动是RhB（RhB分子具有四个乙基基团）在降解的过程中，发生氧化作用，逐步脱去了乙基基团[38,39]。吸光度降低意味着染料的浓度减小。

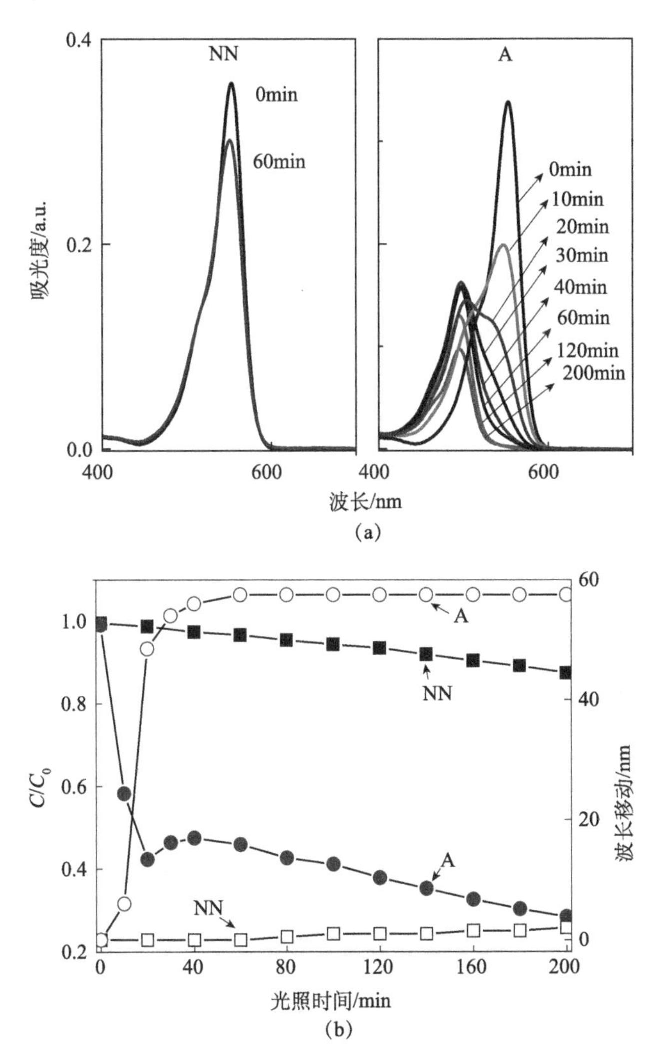

图3.14 (a) NN和A在可见光照射下降解RhB吸收峰（λ>420nm）时间动态图；(b) NN和A在可见光照射下，C/C_0（实心方块）和波长位移（空心方块）的变化图谱

光源：300W Xe灯；滤光片：420nm截止滤光片；RhB溶液浓度：2.5mL·g^{-1}；体积：100mL；催化剂：0.01g

NN和A都不能吸收可见光。因此，样品A对RhB的降解，主要是RhB的敏化自降解。RhB的敏化自降解和吸附作用关系非常紧密[40,41]。从红外光谱分

析得知 Cu 掺杂提高了光催化材料的吸附性能。所以，光催化活性增强的原因主要是 Cu 掺杂增强了样品对 RhB 的吸附能力。

光催化降解有机污染物的路径，人们普遍认为有两种：直接空穴氧化和羟基自由基氧化。通过加入牺牲剂或捕获剂的方法确定 Cu 掺杂 $NaNbO_3$ 光催化降解 RhB 的反应涉及的氧化物种。异丙醇和自由基具有高速率反应，因此它常常作为羟基自由基的捕获剂，区分直接空穴氧化反应和来自羟基自由基的反应。结果表明当异丙醇加入到 RhB 溶液中，无论是全光谱还是可见光照射下，RhB 均不能被降解。这表明主要是羟基自由基氧化。

采用苯二甲酸的光致发光光谱来验证羟基自由基。反应机理是对苯二甲酸与羟基自由基反应生成强荧光物质，即羟基对苯二甲酸（TAOH），通过 312nm 的光激发，其发光峰大约在 426nm。峰的强度反映 TAOH 的浓度。由于 TAOH 是与羟基自由基反应形成的，所以发光峰强度反映羟基自由基的数量。实验过程简述如下：把 100mL 的溶液（20mmol・L^{-1} NaOH 与 6mmol・L^{-1} 对苯二甲酸）加入到烧杯中，然后加入 0.01g 样品悬浮其中，全光谱照射 0.5h 后，取出溶液，测试光致发光谱。对于 NN 和 A 在全光谱照射 30min 后，在 426nm 处出现显著的发光峰信号。这说明羟基自由基氧化是实验中唯一的光催化降解路径。

在液相反应中，羟基自由基基团能够通过光生电子和光生空穴产生[42]。由于甲醇通常作为光催化分解水出氢的牺牲剂，能够和光生空穴反应[43]。将甲醇作为空穴牺牲剂添加到反应体系中，光催化降解的反应速率降低。这表明空穴参与了 RhB 的降解过程。具体光生电子和光生空穴在产生羟基自由基中所占比例尚不清楚，需要进一步研究确定。

3.4 氮掺杂铌酸钠

在 O_2 存在的条件下，光催化氧化有机物主要包括以下三个步骤：（1）光激发价带上的电子到导带；（2）导带上的电子还原电子受体，如 O_2；（3）光生空穴直接氧化有机物或者通过光生的 ·OH 等来氧化有机物。可以看出，对于一个稳定的光催化材料，它导带的位置要比 $O_2/O_2^{\cdot -}$ 还原电位更负。所以，想要减小 $NaNbO_3$ 的带隙并且使光催化材料具有光稳定性，改造它的价带比改造它的导带更合适。

按照半导体物理学理论，对半导体掺杂外来元素可以在禁带中形成局域能级，进而改变材料的光吸收性质。在半导体光催化材料研究领域中，类似的研究见于 N-TiO_2、N-$SrTiO_3$ 的研究。对于 Nb 系的多元金属氧化物光催化材料，N 掺杂 $Sr_2Nb_2O_7$ 被用来作为可见光催化材料，在甲醇作为牺牲剂的条件下，其具有分解水产生氢气的性能[12]。

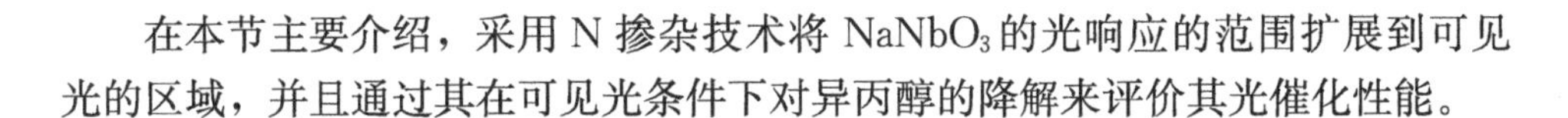

在本节主要介绍，采用N掺杂技术将$NaNbO_3$的光响应的范围扩展到可见光的区域，并且通过其在可见光条件下对异丙醇的降解来评价其光催化性能。

3.4.1 氮掺杂铌酸钠的制备

采用在氨气中氮化传统固相合成方法制备的$NaNbO_3$的方法制备N掺杂$NaNbO_3$粉末。首先，将完全化学计量比的Na_2CO_3和Nb_2O_5加入少量乙醇后，研磨混合均匀，在800℃预烧4h，经过重新研磨后，然后在900℃下煅烧5h，得到$NaNbO_3$的粉末。在通氨气的管式炉中将所得$NaNbO_3$粉末煅烧3h（条件：氨气流速为40mL·min^{-1}，温度区间为818～863K）。在降温的过程中，采用氮气替代氨气来除去样品表面吸附的NH_3分子。样品经过处理后的颜色由白色变为黄色，并且随着处理温度的升高逐渐地变深。按照上述方法合成的N掺杂$NaNbO_3$标记为$NaNbO_{3-x}N_x$（T），这里T代表在氨气中退火的温度。

3.4.2 物性特征

$NaNbO_3$粉末在不高于590℃下氮化处理3h后，始终保持着纯$NaNbO_3$的晶体结构，无杂质相产生。这表明氨气处理并没有引起相的变化。XRD峰的位置没有明显地移动。尽管N^{3-}离子半径（1.71Å）大于O^{2-}离子半径（1.40Å），但是N掺杂的浓度太低还不足以引起可以在XRD图谱上清晰可见的峰位置的偏移。

图3.15为$NaNbO_3$和不同的氮化温度的$NaNbO_{3-x}N_x$样品的紫外-可见漫反射光谱。从图中可见，$NaNbO_3$只有紫外光的吸收，没有可见光的吸收，而N掺杂后样品$NaNbO_{3-x}N_x$显示了明显的可见光吸收。此外，从图中还可以发现$NaNbO_3$有一个位于紫外光区域光吸收边365nm，而N掺杂后$NaNbO_{3-x}N_x$样品有两个光吸收边，分别为365nm和480nm。第一个吸收边界对应于$NaNbO_3$自身能带结构引起的吸收，第二个吸收边界对应于新形成的位置稍微高于O 2p和N 2p轨道引起的吸收。从图3.15中我们还能发现$NaNbO_{3-x}N_x$的光吸收随着氮化处理温度升高而逐渐增加。从图3.15的插图照片清晰可见$NaNbO_3$在833K氮化处理后颜色由白色变为黄色。这一结果也表明N掺杂技术将$NaNbO_3$的光吸收扩展到可见光区域。

利用X射线光电子能谱（XPS）研究$NaNbO_{3-x}N_x$样品中N掺杂的浓度和N掺杂的化合价态。$NaNbO_3$和氮化温度为833K和863K的$NaNbO_{3-x}N_x$样品的X射线光电子能谱，如图3.16所示。从图中可见N 1s峰和Nb 3p的卫星峰有重叠。但仔细对比后可以发现，N掺杂后样品XPS峰的形状和位置与原始的$NaNbO_3$样品是有区别的。因此，假设Nb 3p的卫星峰的分布符合高斯分布，然后对$NaNbO_{3-x}N_x$样品进行分峰拟合。可以发现N 1s峰的位置为396.1eV到

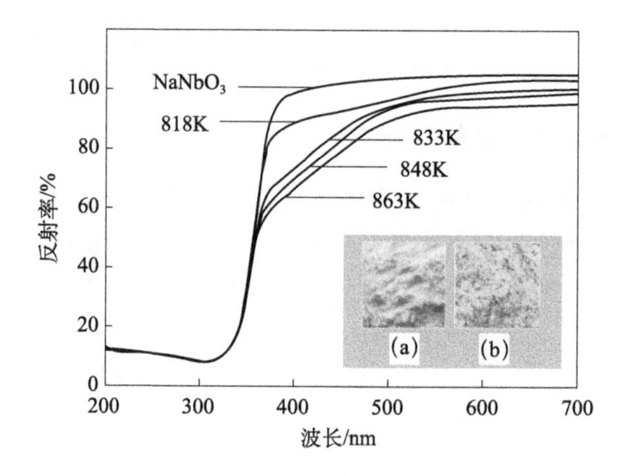

图 3.15　$NaNbO_3$和不同的氮化温度的 $NaNbO_{3-x}N_x$样品的紫外-可见漫反射光谱

插图（a）为 $NaNbO_3$样品的照片，（b）为氮化温度为 833K 的 $NaNbO_{3-x}N_x$样品的照片

396.2eV，这一结果与 N-$Sr_2Nb_2O_7$的 XPS 结果一致[12]。观察到的 N 1s 的特征峰表示 N 离子已经掺杂入 $NaNbO_3$样品。从图中还可以发现，N 1s 峰面积和峰强度随着氮化温度的增加而逐渐增加，这表明 N 掺杂的浓度随着氮化温度的增加而逐渐增加。通过分峰拟合后，计算得到了 833K 和 863K 氮化处理后的 x 值分别为 0.026 和 0.046。可见，随着氮化温度的升高，N 掺杂的浓度逐渐增加。

SEM 照片结果表明掺杂前后的样品具有相似的形貌和粒径，并且与 BET 测量得到的比表面积结果接近。这些结果说明氮化处理基本不改变材料的表面形貌和比表面积，但是改变材料的表面组成。

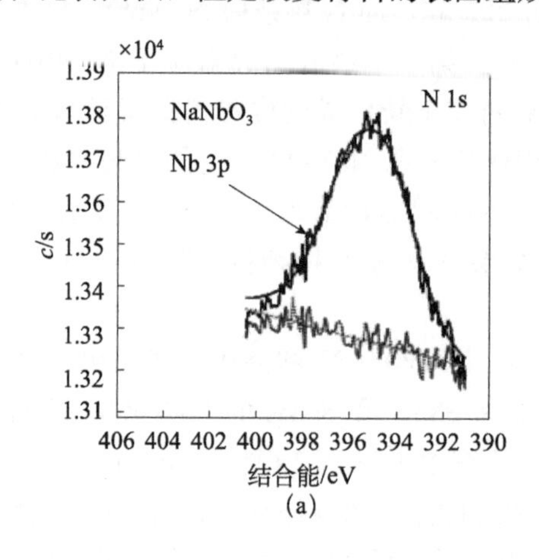

(a)

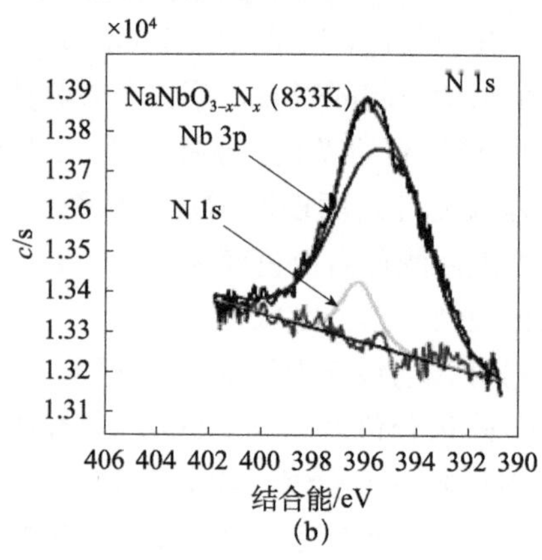

(b)

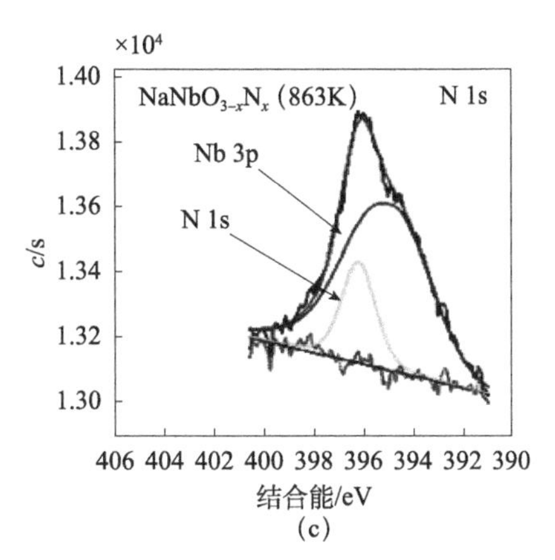

图 3.16　X 射线光电子能谱（XPS）在 398eV 附近 N 1s 的峰

(a) $NaNbO_3$，(b) $NaNbO_{3-x}N_x$（833K）和（c）$NaNbO_{3-x}N_x$（863K）

3.4.3　光催化性能

利用可见光照射下降解异丙醇评价其环境净化中的光催化能力。$NaNbO_3$和不同的氮化温度的$NaNbO_{3-x}N_x$样品在可见光照射下降解异丙醇产生丙酮浓度变化如图 3.17 所示。在没有光催化材料和没有光源的条件下，没有检测到丙酮的产生；在存在光催化材料和光的条件下检测到丙酮，并且随着时间的增加而浓度增加。$NaNbO_{3-x}N_x$（833K）显示了最高的光催化性能，其丙酮的产生速率为 26.1ppm・h^{-1}。$NaNbO_3$样品基本上没有显示出光催化性能，这是由于其在可见光区域基本没有光吸收。

比表面积是影响光催化性能的一个重要因素，但是氮化处理没有显著地改变材料的比表面积和形貌，所以，在目前的研究体系中，光催化性能的变化应该归因于 N 掺杂量的变化。一方面，N 掺杂量的增加能够增加材料的光吸收，进而提高光催化材料的性能。另一方面，N 氮掺杂量的增高会产生更多的光生电子-空穴对的复合中心，而降低材料的活性。$NaNbO_{3-x}N_x$（833K）表现出最高的光催化活性，这是由于在目前的体系中，N 掺杂的浓度达到了一个最佳值。

通过长时间的实验检测其矿化性能。异丙醇降解的过程中，异丙醇转变成丙酮的过程较快，但是矿化成 CO_2 的过程很慢，所以需要很长时间。利用活性最高的样品 $NaNbO_3$（833K）进行了异丙醇的矿化实验。初始的异丙醇浓度为 196ppm，经过 2h 的暗反应后达到吸附脱附平衡，异丙醇被吸附了 146ppm，同时也没有丙酮被检测到。在开始光照后，检测到丙酮，且其浓度逐渐增加，在光照 20h 后达到最大值。与此同时，异丙醇的浓度降低到零。在矿化反应的初始阶段，丙酮的产生速率高于 CO_2 的产生速率。因为一个异丙醇转化为一个丙

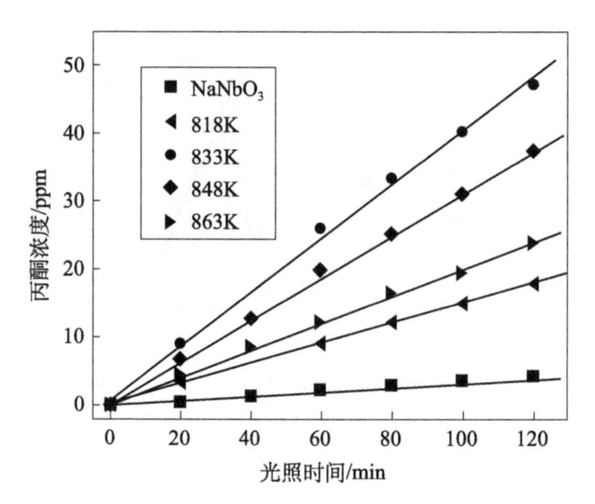

图 3.17　$NaNbO_3$和不同的氮化温度的 $NaNbO_{3-x}N_x$样品
在可见光照射下降解异丙醇产生丙酮浓度变化
反应条件：光催化材料为 0.4g；灯源为 300W Xe 灯；400nm<λ<520nm；
强度为 0.7mW・cm^{-2}；初始异丙醇的浓度为 270ppm

酮的过程需要一个空穴，而从丙酮转化到 CO_2是一个多空穴参与的过程[23]。异丙醇的矿化率在经过 118h 的可见光照射后达到了 40.3%，表明 $NaNbO_3$(833K) 具有矿化丙酮的能力。

虽然 N 掺杂提高了 $NaNbO_3$ 的可见光光催化性能，但是，由于受到样品形式的限制，材料表面电子结构的变化还需要进一步澄清。这有待于采用薄膜研究样品，开展相关研究工作。

参考文献

[1] Li G Q，Kako T，Wang D F，et al. Composition dependence of the photophysical and photocatalytic properties of $(AgNbO_3)_{1-x}(NaNbO_3)_x$ solid solutions. J. Solid State Chem.，2007，180 (10)：2845-2850.

[2] Xu J，Zhang F，Sun B，et al. Enhanced photocatalytic property of Cu doped sodium niobate. Inter. J. Photoenergy，2015，2015：1-8.

[3] Park S，Lee C W，Kang M G，et al. A ferroelectric photocatalyst for enhancing hydrogen evolution：polarized particulate suspension. Phys. Chem. Chem. Phys.，2014，16 (22)：10408-10413.

[4] Iwase A，Saito K，Kudo A. Sensitization of $NaMO_3$ (M：Nb and Ta) photocatalysts with wide band gaps to visible light by Ir doping. Bull. Chem. Soc. Jpn.，2009，82 (4)：514-518.

[5] Li P，Abe H，Ye J. Band-gap engineering of $NaNbO_3$ for photocatalytic H_2 evolution with visible light. Inter. J. Photoenergy，2014，2014：1-6.

[6] Sato S. Photocatalytic activity of NO_x-doped TiO_2 in the visible light region. Chem. Phys. Lett., 1986, 123 (1/2): 126-128.

[7] Asahi R, Morikawa T, Ohwaki T, et al. Visible-light photocatalysis in nitrogen-doped titanium oxides. Science, 2001, 293 (5528): 269-271.

[8] Irie H, Watanabe Y, Hashimoto K. Nitrogen-concentration dependence on photocatalytic activity of $TiO_{2-x}N_x$ powders. J. Phys. Chem. B, 2003, 107 (23): 5483-5486.

[9] Diwald O, Thompson T L, Zubkov T, et al. Photochemical activity of nitrogen-doped rutile TiO_2 (111) in visible light. J. Phys. Chem. B, 2004, 108 (19): 6004-6008.

[10] Burda C, Lou Y B, Chen X B, et al. Enhanced nitrogen doping in TiO_2 nanoparticles. Nano Lett., 2003, 3 (8): 1049-1051.

[11] Wang J S, Yin S, Komatsu M, et al. Photo-oxidation properties of nitrogen doped $SrTiO_3$ made by mechanical activation. Appl. Catal. B-Environ., 2004, 52 (1): 11-21.

[12] Ji S M, Borse P H, Kim H G, et al. Photocatalytic hydrogen production from water-methanol mixtures using N-doped $Sr_2Nb_2O_7$ under visible light irradiation: effects of catalyst structure. Phys. Chem. Chem. Phys., 2005, 7 (6): 1315-1321.

[13] Li X K, Kikugawa N, Ye J H. Nitrogen-doped lamellar niobic acid with visible light-responsive photocatalytic activity. Adv. Materi., 2008, 20 (20): 3816-3819.

[14] Shi H F, Li X K, Iwai H, et al. 2-propanol photodegradation over nitrogen-doped $NaNbO_3$ powders under visible-light irradiation. J. Phys. Chem. Solids, 2009, 70 (6): 931-935.

[15] Kania A, Kwapuliński J. $Ag_{1-x}Na_xNbO_3$ (ANN) solid solutions: from disordered antiferroelectric $AgNbO_3$ to normal antiferroelectric $NaNbO_3$. J. Phys.-Condens. Mat., 1999, 11: 8933-8946.

[16] Shiratori Y, Magrez A, Fischer W, et al. Temperature-induced phase transitions in micro-, submicro-, and nanocrystalline $NaNbO_3$. J. Phys. Chem. C, 2007, 111 (50): 18493-18502.

[17] Jehng J M, Wachs I. Structural chemistry and Raman spectra of niobiu+m oxides. Chem. Mater., 1991, 3: 100.

[18] Kania A. An additional phase transition in silver niobate AgNbO. Ferroelectrics, 1998, 205 (1): 19-28.

[19] Megaw H D. The seven phases of sodium niobate. Ferroelectrics, 1974, 7 (1): 87-89.

[20] Shiratori Y, Magrez A, Dornseiffer J, et al. Polymorphism in micro-, submicro-, and nanocrystalline $NaNbO_3$. ChemInform, 2006, 109 (5): 20122-20130.

[21] Fabry J, Zikmund Z, Kania A, et al. Silver niobium trioxide, $AgNbO_3$. Acta Crystallogr. C, 2000, 56 (8): 916-918.

[22] Coronado J M, Kataoka S, Tejedor-Tejedor I, et al. Dynamic phenomena during the photocatalytic oxidation of ethanol and acetone over nanocrystalline TiO_2: simultaneous FTIR analysis of gas and surface species. J. Catal., 2003, 219 (1): 219-230.

[23] Arsac F, Bianchi D, Chovelon J M, et al. Experimental microkinetic approach of the pho-

tocatalytic oxidation of isopropyl alcohol on TiO_2. Part 1. Surface elementary steps involving gaseous and Adsorbed C_3H_xO species. J. Phys. Chem. A, 2006, 110 (12): 4202-4212.

[24] Li G Q, Yang N, Wang W L, et al. Band structure and photoelectrochemical behavior of $AgNbO_3$-$NaNbO_3$ solid solution photoelectrodes. Electrochim. Acta, 2010, 55 (24): 7235-7239.

[25] Saito K, Koga K, Kudo A. Molten salt treatment of sodium niobate nanowires affording valence band-controlled ($AgNbO_3$)-($NaNbO_3$) nanowires. Nanosci. Nanotechnol. Lett., 2011, 3 (5): 686-689.

[26] Palasyuk O, Palasyuk A, Maggard P A. Site-differentiated solid solution in $(Na_{1-x}Cu_x)_2Ta_4O_{11}$ and its electronic structure and optical properties. Inorg. Chem., 2010, 49 (22): 10571-10578.

[27] Zhang G K, Zou X, Gong J, et al. Characterization and photocatalytic activity of Cu-doped $K_2Nb_4O_{11}$. J. Mol. Catal. A-Chem., 2006, 255 (1-2): 109-116.

[28] Li Z H, Dong H, Zhang Y F, et al. Effect of M^{2+} (M = Zn and Cu) dopants on the electronic structure and photocatalytic activity of $In(OH)_yS_z$ solid solution. J. Phys. Chem. C, 2008, 112 (41): 16046-16051.

[29] Fu M, Li Y L, Wu S W, et al. Sol-gel preparation and enhanced photocatalytic performance of Cu-doped ZnO nanoparticles. Appl. Surf. Sci., 2011, 258 (4): 1587-1591.

[30] Mohan R, Krishnamoorthy K, Kim S J. Enhanced photocatalytic activity of Cu-doped ZnO nanorods. Solid State Commun., 2012, 152 (5): 375-380.

[31] Xu L, Li C, Shi W, et al. Visible light-response $NaTa_{1-x}Cu_xO_3$ photocatalysts for hydrogen production from methanol aqueous solution. J. Mol. Catal. A - Chem., 2012, 360: 42-47.

[32] Li G Q, Yan S C, Wang Z Q, et al. Synthesis and visible light photocatalytic property of polyhedron-shaped $AgNbO_3$. Dalton T., 2009, (40): 8519-8524.

[33] Pecchi G, Cabrera B, Buljan A, et al. Catalytic oxidation of soot over alkaline niobates. J. Alloy. Compd., 2013, 551: 255-261.

[34] Zhong K, Xue J J, Mao Y C, et al. Facile synthesis of CuO nanorods with abundant adsorbed oxygen concomitant with high surface oxidation states for CO oxidation. RSC Adv., 2012, 2 (30): 11520-11528.

[35] Li G Q. Photocatalytic properties of $NaNbO_3$ and $Na_{0.6}Ag_{0.4}NbO_3$ synthesized by polymerized complex method. Mater. Chem. Phys., 2010, 121 (1-2): 42-46.

[36] Chen N N, Li G Q, Zhang W F. Effect of synthesis atmosphere on photocatalytic hydrogen production of $NaNbO_3$. Physica B, 2014, 447: 12-14.

[37] Hu J, Li H, Huang C, et al. Enhanced photocatalytic activity of Bi_2O_3 under visible light irradiation by Cu (Ⅱ) clusters modification. Appl. Catal. B-Environ., 2013, 142-143: 598-603.

[38] Zhuang J D, Dai W X, Tian Q F, et al. Photocatalytic degradation of RhB over TiO_2 bi-

layer films：effect of defects and their location. Langmuir，2010，26 (12)：9686-9694.

[39] Liu S，Yin K，Ren W，et al. Tandem photocatalytic oxidation of rhodamine B over surface fluorinated bismuth vanadate crystals. J. Mater. Chem.，2012，22 (34)：17759.

[40] Wu T X，Liu G M，Zhao J C，et al. Photoassisted degradation of dye pollutants. Ⅴ. Self-photosensitized oxidative transformation of rhodamine B under visible light irradiation in aqueous TiO_2 dispersions. J. Phys. Chem. B，1998，102 (30)：5845-5851.

[41] Zhao J C，Wu T X，Wu K Q，et al. Photoassisted degradation of dye pollutants. 3. Degradation of the cationic dye rhodamine B in aqueous anionic surfactant/TiO_2 dispersions under visible light irradiation：evidence for the need of substrate adsorption on TiO_2 particles. Environ. Sci. Technol.，1998，32 (16)：2394-2400.

[42] Kisch H. Semiconductor photocatalysis—mechanistic and synthetic aspects. Angew. Chem. Int. Ed.，2013，52 (3)：812-847.

[43] Osterloh F E. Inorganic nanostructures for photoelectrochemical and photocatalytic water splitting. Chem. Soc. Rev.，2013，42 (6)：2294-2320.

补充：基本概念

1. 掺杂

自从 Asahi 等发现了 N 掺杂的 TiO_2 粒子具有可见光响应的光催化活性[1]，“掺杂”就成为制造可见光响应光催化剂的关键词。任何有微弱可见光活性的催化剂，都可以通过金属或非金属元素掺杂，变成很好的可见光响应光催化剂。有关掺杂材料的文章数量迅猛增长有以下两点：一是对掺杂的定义含糊不清；二是缺乏有效地证明可见光光催化活性起源的方法。

掺杂是指将杂质原子或离子植入晶格内，即改变体相结构，而不是修饰表面。很多现有的文献对于杂质原子或离子的位置都不讨论。这主要是由于缺乏可以精确确定杂质原子/离子的平均密度和空间位置的方法。元素面扫描的精度还达不到原子分辨的水平，采用最先进的扫描透射显微镜的能谱分析可以实现原子分辨。目前，文献中常用的表征掺杂样品的手段有以下两种。一是利用 XRD 图谱中衍射峰位置的移动，判断杂质原子是否进入晶格。如果衍射峰位置移动的方向与掺杂原子或离子引起晶格变化一致，那么通常就说杂质原子实现了晶格掺杂。由于 X 射线衍射仪的测量极限的限制，在很少量掺杂时很难发现衍射峰的移动。二是利用微区域拉曼谱，观察内部晶格结构特征振动波数的变化，判断杂质原子是否进入晶格。对于杂质原子在晶格内的空间分布，文献中报道很少。使用尿素作为氮源对 TiO_2 进行 N 掺杂，可以得到淡黄色样品，实际上是少量 N 掺杂在 TiO_2 晶格中，大量 C_3N_4 作为表面改性剂包裹在 TiO_2 表面[2]。

杂质原子或离子即使没有植入晶格内，而是变成吸收可见光的表面改性物质，这样做也是可以提高可见光响应。作者在研究中发现在以尿素为原料，与氧化物一起煅烧后，所得物质是N掺杂氧化物和C_3N_4的复合物，并显示较好的光催化性能[3]。通过材料吸收光谱和反应的作用谱之间的关系可以判断掺杂（修饰）催化剂的可见光光催化性能的起源。如果吸收光谱和作用谱显示很好的相似性，也就是掺杂（修饰）引起催化剂的可见光光催化性能。在光催化性能的评价中使用有机染料是需要谨慎考虑的，因为染料可能吸附并且产生可见光敏化作用[4]。美国化学会光催化相关的三个著名杂志的编辑明确表示新材料的可见光光催化性能，不能只评价有机染料的降解性能，还应该评价那些无色的有机污染物，例如二氯酚等的降解性能[5]。

参考文献

[1] Asahi R，Morikawa T，Ohwaki T，et al. Science，2001，293：269.
[2] Yang N，Li G Q，Wang W，et al. J. Phys. Chem. Solids，2011，72：1319.
[3] Li G Q，Yang N，Wang W，et al. J. Phys. Chem. C，2009，113：14829.
[4] Li G Q ，Yang N，Yang X，et al. J. Phys. Chem. C，2011，115：13734.
[5] Buriak J M，Kamat P V，Schanze K S. ACS Appl. Mater. & Inter.，2014，6：11815.

2. 结晶度

结晶度（crystallinity）是指材料结晶部分占总体的百分比。由于晶体结构质点排列的重复周期与X射线波长属于同一数量级，所以，晶体可以作为产生X射线衍射的三维光栅，晶体中周期性排列的原子成为入射X射线产生相干散射的光源，从而产生衍射效应。非晶体不具有周期性结构，所以X射线通过非晶时，只能给出一两个相应于衍射最大值的弥散散射区，不产生衍射效应。XRD分析中只能检测到晶体，不能检测非晶态部分。半导体光催化剂通常是无机固体材料。它们通常是晶体，晶相通常是由X射线衍射来确定。在半导体光催化材料中可能有非晶态部分，例如孔洞内部，但是没有办法定量测定。非晶态部分只能作为结晶部分的剩余部分来确定，因此，准确测定结晶部分的含量是很有必要的。根据XRD的基本原理，XRD衍射峰强度正比于相应的结晶部分，通过与完全结晶的晶体标准样品结果相比较，可以确定结晶度。但是，因为较小的晶体可能显示出更低的峰值强度，我们没办法得到每个晶体的标准结果，这是这种确定方法存在的一个问题[1]。解决以上问题有以下两种尝试。对于一种材料，通过改变烧结温度，测量衍射峰强度的变化，直到衍射峰强度不再随温度变化，认为此时结晶度为100％。计算其他温度的衍射峰强度与100％结晶度峰强度之比，即可知道各个温度下材料的结晶度。另外一种方法是用纯的结晶物质做校准曲线[2,3]。将结晶物质从样品中分离出来，测定其XRD曲线作为结晶度100％的标准曲线。其他样品测试结果与其比较，即可得到相应结晶

度。以上方法在结晶物质和非晶态物质是可以分离的状态下才适用。如果结晶物质和非晶态物质是不能分离的，例如核壳结构，以上方法也难精确测量结晶度。

结晶度这个术语的使用有些混乱，主要有以下两种表现。首先，文献中经常会有“尖锐的XRD峰表明光催化剂具有更高的结晶度”。这主要因为结晶度是基于XRD衍射峰的锐度得出的术语。XRD峰的宽度反映了颗粒大小，即在垂直于相应的点阵平面的方向测量的微晶深度[4]，峰的锐度显示了微晶的尺寸大小。在这个意义上，“结晶度”是用来表示微晶如何长到大尺寸粒子。另一个使用是指晶体完美度，即更高的结晶度意味着较小密度的晶体缺陷。正如上面提到的，X射线衍射峰的锐度可以衡量微晶尺寸。假设大微晶具有较小密度的晶体缺陷，X射线衍射峰的锐度也可以是结晶度的一个相对指标。

参考文献

[1] Ohtani B，Ogawa Y，Nishimoto S I. J. Phys. Chem. B，1997，101：3746.

[2] Ohtani B，Azuma Y，Li D，et al.，Trans. Mater. Res. Soc. Jpn，2007，32：401.

[3] Ohtani B，Prieto-Mahaney O，Li D，et al. J. Photochem. Photobiol. A-Chem.，2010，216：179.

[4] Ohtani B. Chem. Lett.，2008，37：216.

3. 固溶体

固溶体是指溶质原子溶入溶剂晶格中而仍保持溶剂类型的合金相。例如，当一种组元A加到另一种组元B中形成的固体，其结构仍保留为组元B的结构时，这种固体就称为固溶体。B组元称为溶剂，A组元称为溶质。组元A、B可以是元素，也可以是化合物。固溶体分成置换固溶体和间隙固溶体两大类。（1）置换固溶体：溶质原子占据溶剂晶格中的结点位置而形成的固溶体称置换固溶体。当溶剂原子和溶质原子直径相差不大，一般在15%以内时，易于形成置换固溶体。铜镍二元合金即形成置换固溶体，镍原子可在铜晶格的任意位置替代铜原子。（2）间隙固溶体：溶质原子分布于溶剂晶格间隙而形成的固溶体称间隙固溶体。间隙固溶体的溶剂是直径较大的过渡族金属，而溶质是直径很小的碳、氢等非金属元素。其形成条件是溶质原子与溶剂原子直径之比必须小于0.59。如铁碳合金中，铁和碳所形成的固溶体——铁素体和奥氏体，皆为间隙固溶体[1,2]。

按固溶度来分，可分为连续固溶体和有限固溶体。连续固溶体只可能是置换固溶体，溶质和溶剂可以按任意比例相互固溶。按溶质原子与溶剂原子的相对分布来分，可分为无序固溶体和有序固溶体。在讨论固溶体的概念时，认为溶质质点（原子、离子）在溶剂晶体结构中的分布是任意的、无规则的，这便是无序固溶体的概念。例如，晶胞参数的测定，实际上是一个平均值；密度的测定也是统计的结果。固溶体中溶质质点无规则分布的概念，和实验结果基本一致。有些固溶体中溶质质点的分布是有序的，即溶质质点在结构中按一定规律排列，形成所谓“有序固溶体”。例如，Au-Cu 固溶体，Au 和 Cu 都是面心立方格子，它们之间可以形成连续置换固溶体。在一般情况下，Au 和 Cu 原子是无规则地分布在面心立方格子的结点上，这便是一般认为的固溶体。但是，如果这个固溶体的组成为 $AuCu_3$ 和 AuCu 时，并且在适当的温度下进行较长时间退火，则固溶体的结构可转变为“有序结构”。这表现为 $AuCu_3$ 组成中，所有的 Au 原子占有面心立方格子的顶角位置，而 Cu 原子则占有面心立方格子的面心位置。因而，从单位晶胞来看组成应为 $AuCu_3$。同理，如果 Au 原子和 Cu 原子分层相间分布，也形成“有序结构”，其相应的组成应为 AuCu。这种有序结构称为超结构。它除了和组成有关外，还和晶体形成时的温度、压强条件有关。

固溶体材料有些特殊性能，列举如下：

(1) 固溶强化。当溶质元素含量很少时，固溶体性能与溶剂金属性能基本相同。但随着溶质元素含量的增多，会使金属的强度和硬度升高，而塑性和韧性有所下降，这种现象称为固溶强化。置换固溶体和间隙固溶体都会产生固溶强化现象。适当控制溶质含量，可明显提高强度和硬度，同时仍能保证足够高的塑性和韧性，所以说固溶体一般具有较好的综合力学性能。因此，要求有综合力学性能的结构材料，几乎都以固溶体作为基本相。这就是固溶强化成为一种重要强化方法在工业生产中得以广泛应用的原因。

(2) 固溶度。金属在固体状态下的溶解度，合金元素要溶解在固态的钢中，前提是将钢加热到奥氏体化后，奥氏体晶格间的间隙较大，能够溶解更多的合金元素。

(3) 固溶热处理。将合金加热至高温单相区恒温保持，使过剩相充分快速冷却，以得到过饱和固溶体的热处理工艺。时效处理可分为自然时效和人工时效两种。自然时效是将铸件置于露天场地半年以上，使其缓缓地发生形变，从而使残余应力消除或减小。人工时效是将铸件加热到 550～650℃进行去应力退火，它比自然时效节省时间，残余应力去除较为彻底。根据合金本性和用途确定采用何种时效方法。高温下工作的铝合金适宜采用人工时效，室温下工作的铝合金有些采用自然时效，有些必须采用人工时效。从合金强化相上来分析，含有 S 相和 $CuAl_2$ 等相的合金，一般采用自然时效，而需要在高温下使用或为了提高合金的屈服强度时，就需要采用人工时效来强化。比如 LY11 和 LY12，40℃以下自然时效可以得到高的强度和耐蚀性，对于 150℃以上工作的 LY12 和 125～250℃工作的 LY6 铆钉用合金则需要人工时效。含有主要强化相为 MgSi、$MgZn_2$ 的 T 相合金，只有采用人工时效强化，才能达到它的最高强度。

(4) 固溶体的电性能。固溶体的电性能随着杂质（溶质）浓度的变化，一

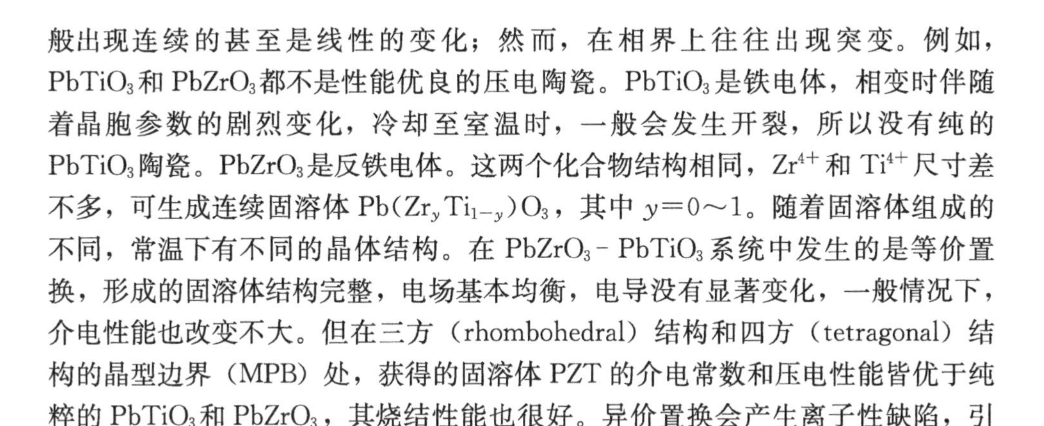

般出现连续的甚至是线性的变化；然而，在相界上往往出现突变。例如，$PbTiO_3$和$PbZrO_3$都不是性能优良的压电陶瓷。$PbTiO_3$是铁电体，相变时伴随着晶胞参数的剧烈变化，冷却至室温时，一般会发生开裂，所以没有纯的$PbTiO_3$陶瓷。$PbZrO_3$是反铁电体。这两个化合物结构相同，Zr^{4+}和Ti^{4+}尺寸差不多，可生成连续固溶体$Pb(Zr_yTi_{1-y})O_3$，其中$y=0\sim1$。随着固溶体组成的不同，常温下有不同的晶体结构。在$PbZrO_3$-$PbTiO_3$系统中发生的是等价置换，形成的固溶体结构完整，电场基本均衡，电导没有显著变化，一般情况下，介电性能也改变不大。但在三方（rhombohedral）结构和四方（tetragonal）结构的晶型边界（MPB）处，获得的固溶体PZT的介电常数和压电性能皆优于纯粹的$PbTiO_3$和$PbZrO_3$，其烧结性能也很好。异价置换会产生离子性缺陷，引起材料导电性能的重大变化，而且，这个改变与杂质缺陷浓度成比例[1,2]。

参考文献

[1] 曾燕伟．无机材料科学基础．2版．武汉：武汉理工大学出版社，2015：113-117.
[2] https：//baike.baidu.com/item/%E5%9B%BA%E6%BA%B6%E4%BD%93. 2021-1-26.

第4章　铌酸钠复合光催化材料性能研究

与单相半导体光催化材料相比，复合光催化材料具有较高的光催化性能。$NaNbO_3$基复合光催化材料已经有很多报道，复合组分主要有氧化物、硫化物、碳化物和贵金属。氧化物材料主要有紫外响应的光催化材料，如ZnO等[1]，还有可见光响应的光催化材料，如In_2O_3、WO_3、Bi_2O_3、$SnNb_2O_6$和$AgSbO_3$等[2-6]。硫化物主要有CdS[7,8]。碳化物主要有C_3N_4[9,10]。贵金属主要有Au和Pt[11,12]。本章主要通过具体复合物的例子阐述氧化物、硫化物、碳化物和贵金属复合光催化材料的物性及其光催化性能。

4.1　氧化物复合材料

选用简单金属氧化物WO_3和多元金属氧化物$AgSbO_3$作为氧化物复合材料的例子，光催化性能以降解有机污染物为主。

4.1.1　$NaNbO_3/WO_3$复合Z型光催化剂

三氧化钨（WO_3）具有较小的光学带隙（2.4～2.8eV），较高的价带顶和氧化电位，较好的稳定性以及无毒环境友好性。它具有分解水产生氧气和降解有机污染物的光催化性能。其光生电子和空穴在缺陷态或晶界处复合率较高，导致其光催化性能较差[13,14]。本节详细介绍通过与$NaNbO_3$形成复合物，改善其光催化降解有机污染物的性能。

通过水热法制备$NaNbO_3$粉末样品，采用球磨法制备$NaNbO_3/WO_3$复合光催化剂。水热法可以制备出结晶性较好的$NaNbO_3$。球磨法可以用来制备其他复合光催化材料，如$NaNbO_3/In_2O_3$[3]。利用X射线粉末衍射（XRD）确定复合物的晶体结构。当$NaNbO_3$含量为0.1wt%和0.5wt%时，$NaNbO_3/WO_3$复合物样品中没有发现$NaNbO_3$的衍射峰。当$NaNbO_3$含量从1wt%增加至5wt%，$NaNbO_3$的衍射峰强度显著增加。在所有复合物中未发现其他杂质。

利用X射线衍射数据，采用谢乐公式计算$NaNbO_3/WO_3$复合光催化剂的晶粒尺寸。原始的$NaNbO_3$和WO_3晶粒尺寸分别是30.9nm和50.2nm。经过球磨后，复合光催化剂中$NaNbO_3$和WO_3的直径没有明显改变。利用扫描电子显微镜

(SEM) 观察 $NaNbO_3/WO_3$ 复合光催化剂的形貌，结果表明 100nm 的 $NaNbO_3$ 颗粒均匀分散在 1μm 的团聚颗粒 WO_3 上面。透射电子显微镜（TEM）的研究结果进一步表明尺寸约 30nm 的 $NaNbO_3$ 纳米粒子分散在 WO_3 表面上，如图 4.1 所示。从高分辨透射电子显微镜（HRTEM）照片可以看出，$NaNbO_3$ 和 WO_3 形成了异质结结构。

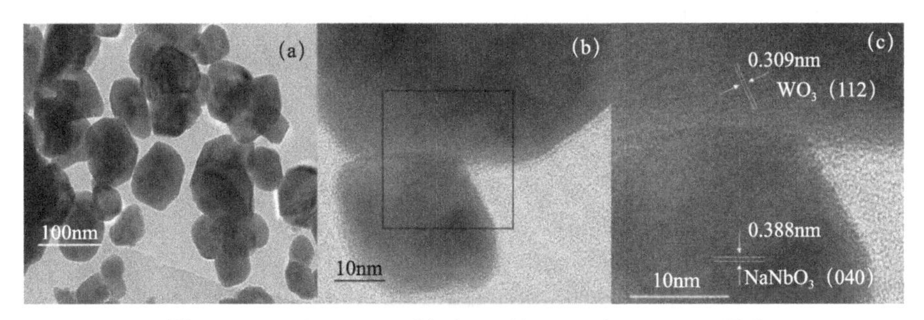

图 4.1　$NaNbO_3$(0.5wt%)/WO_3 的 TEM 和 HRTEM 照片

通过在 375W 的汞灯照射下对罗丹明 B(RhB)和亚甲基蓝(MB)的降解评价复合光催化材料的光催化氧化性能。与单独 $NaNbO_3$ 和 WO_3 相比，$NaNbO_3/WO_3$ 复合光催化剂具有较高的光催化活性。随着 $NaNbO_3$ 含量的增加，$NaNbO_3/WO_3$ 光催化活性明显增强；但是，当 $NaNbO_3$ 含量较高时，光催化活性略有下降。当 $NaNbO_3$ 的含量是 0.5wt%时，$NaNbO_3/WO_3$ 复合材料的光催化性能最佳。根据一级动力学模型计算所得不同光催化剂的反应动力学常数 k，如图 4.2 所示。可以看出，$NaNbO_3$(0.5wt%)/WO_3 光催化剂对 RhB 和 MB 降解的速率常数是 $0.037min^{-1}$ 和 $0.096min^{-1}$，分别是纯的 WO_3 的 4.9 倍和 3.4 倍。通过 BET 比表面积测试，发现随着 $NaNbO_3$ 含量的增加，BET 比表面积在 $6.1 \sim 7.2m^2 \cdot g^{-1}$，不能解释光催化性能之间的巨大差异。

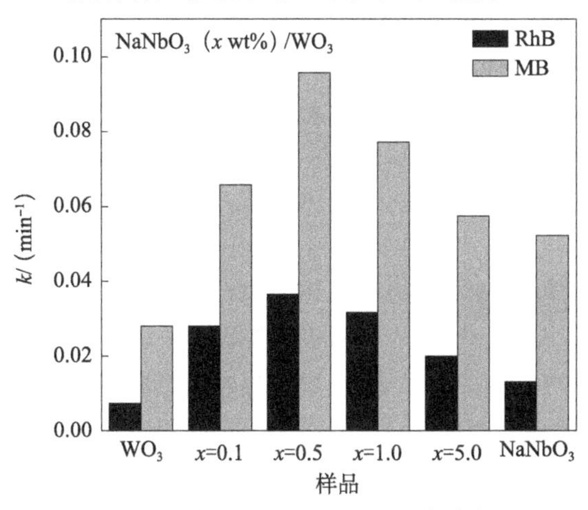

图 4.2　降解 RhB 和 MB 的速率常数

利用光催化还原 Cr(Ⅵ) 研究 $NaNbO_3/WO_3$ 复合物的还原性能，结果如图 4.3 所示。根据下面表达式计算 Cr(Ⅵ) 还原效率：

$$\eta = [(C_0 - C_t)/C_0] \times 100\% \tag{4.1}$$

式中，η 是光催化还原效率；C_0 是光照前的反应物的浓度；C_t 是光照时间 t 后的反应物浓度。光催化还原 Cr(Ⅵ) 的性能与光催化氧化有机染料的性能的变化趋势相同。照射 40min 后，$NaNbO_3$(0.5wt%)/WO_3 还原效率是 62.6%，明显高于纯 WO_3 的还原效率 40.9%。而且 $NaNbO_3$(0.5wt%)/WO_3 复合催化剂经过 5 次循环试验的催化还原效率基本无明显降低，这表明 $NaNbO_3/WO_3$ 在光催化反应过程中有良好的稳定性。

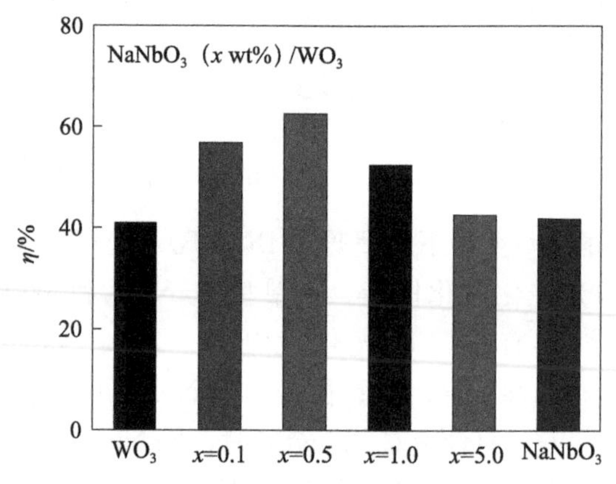

图 4.3　光催化还原 Cr(Ⅵ)（$Cr_2O_7^{2-}$）性能图

通过在反应体系中加入一些对活性物种敏感的牺牲剂研究 $NaNbO_3/WO_3$ 复合光催化剂的光催化机理。一般认为 h^+、·OH 和 $O_2^{\cdot -}$ 是参与光催化氧化过程的主要活性物种。采用草酸铵（AO）作为 h^+ 的牺牲剂；异丙醇（IPA）作为·OH的牺牲剂；苯醌（BQ）作为 $O_2^{\cdot -}$ 牺牲剂。由于牺牲剂与反应物种反应速率非常快，它可以有效地抑制和降低降解效率 η。当降解效率 η 减少越多时，表明该氧化物种越重要。一系列的牺牲剂对 RhB 的降解效率的影响如图 4.4 所示。加入 IPA 后，RhB 的降解效率快速从 89%减少到 40.9%，表明在光催化过程中·OH是主要活性物种。当加入 BQ 和 AO 时，RhB 的光催化降解效率也分别下降到 53.5%和 49.1%，表明 $O_2^{\cdot -}$ 和 h^+ 在光催化反应中起着几乎同等重要的作用。用其他牺牲剂来捕获活性物种获得了同样的结果，例如，三乙醇胺、叔丁醇和蒽醌分别作为 h^+、·OH、$O_2^{\cdot -}$ 的牺牲剂。总之，光催化降解 RhB 的主要活性物种有·OH，$O_2^{\cdot -}$ 和 h^+。与纯 $NaNbO_3$ 的降解机理不同在于：$NaNbO_3/WO_3$ 发现了 h^+ 直接氧化[15]。

通过以对苯二甲酸为探针分子的光致发光技术检测·OH。在 425nm 左右观

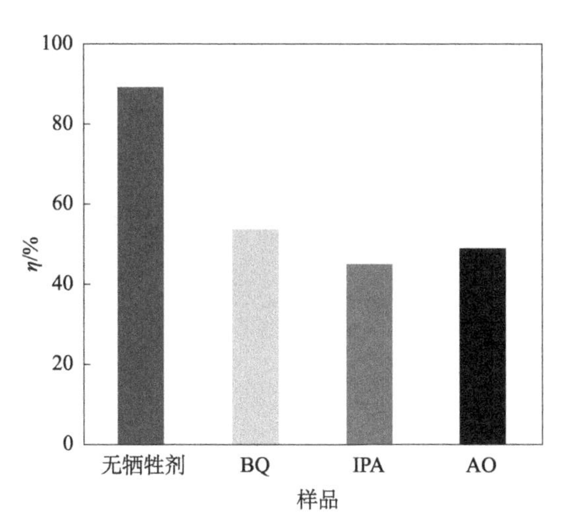

图 4.4　加入各种牺牲剂后降解效率图

察到有明显的荧光信号，表明在光催化氧化过程形成了·OH 自由基，与加入牺牲剂 IPA 的结果相一致。随着 $NaNbO_3$含量增加到 0.5wt%，PL 强度也逐渐增加。$NaNbO_3$(0.5wt%)/WO_3的发光强度高于其他样品，表明·OH 自由基在其表面形成率最高。当 $NaNbO_3$含量小于或大于 0.5wt%时，$NaNbO_3$/WO_3样品的表面抑制了·OH 自由基的产生，这意味着光催化剂的光催化活性低于 $NaNbO_3$(0.5wt%)/WO_3样品。此外，纯的 $NaNbO_3$发光强度高于纯 WO_3，这意味着更多的·OH 自由基在 $NaNbO_3$表面产生。

根据典型的复合光催化剂中电子－空穴分离过程模型示意图 4.5（a），$NaNbO_3$/WO_3复合光催化材料光催化性能会减弱，并且不能产生活性物种 $O_2^{\cdot-}$。根据实验结果，$NaNbO_3$/WO_3复合光催化剂被认为是 Z 型光催化剂，其光生电子-空穴对的分离过程如图 4.5（b）所示。利用 ESR 检测技术确认在 $NaNbO_3$/WO_3复合物观察到 DMPO-$O_2^{\cdot-}$络合物的六个特征峰，而在纯 WO_3中没有发现 $O_2^{\cdot-}$的信号。以上结果表明光生电子不能从 $NaNbO_3$的导带转移到 WO_3的导带。在 $NaNbO_3$(0.5wt%)/WO_3样本中观察到相应的 DMPO-·OH 络合物的强特征峰。以上结果说明 $NaNbO_3$有利于·OH 和 $O_2^{\cdot-}$形成。通过光致发光谱研究了电子和空穴复合情况。实验结果表明光致发光峰强度越高，光催化活性越高。这个现象通常被认为是 Z 型光催化材料的特征现象。光致发光峰强度依赖于光激发的电子和空穴之间的复合。当 $NaNbO_3$/WO_3光催化剂的光生电子-空穴对的分离过程如图 4.5（b）所示时，WO_3的导带上光生电子和 $NaNbO_3$的价带上光生空穴的高复合率，有助于 WO_3的价带上光生空穴和 $NaNbO_3$的导带上光生电子形成氧化物种，提高光催化效率。

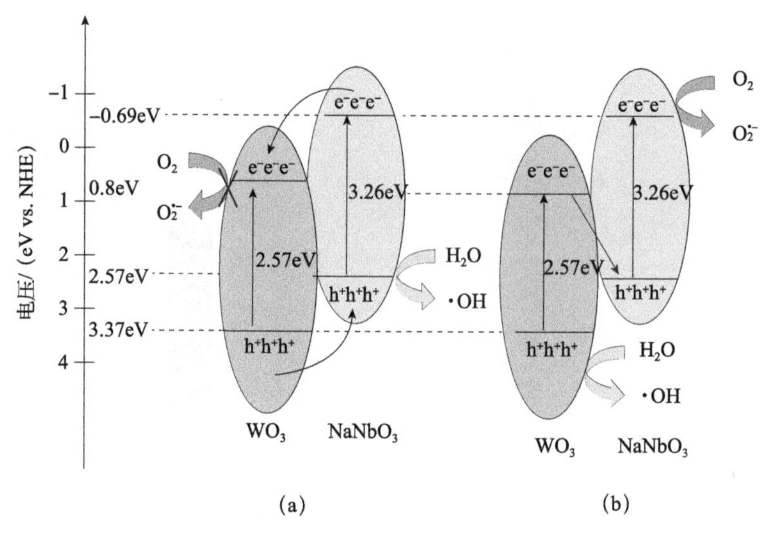

图 4.5 光生电荷行为示意图

4.1.2 $AgSbO_3/NaNbO_3$复合光催化剂

$AgSbO_3$是一个可见光响应的光催化材料，其带隙为 2.3eV，其导带底主要由 Ag 5s 和 Sb 5s 轨道组成，价带顶主要由 Ag 4d 和 O 2p 组成[16,17]。Jyoti Singh 等发现其具有降解有机污染物的性能[17]。本小节介绍其与 $NaNbO_3$形成复合物的物性和光催化性能。

通过固相反应法制备 $xAgSbO_3/NaNbO_3$复合光催化剂[6]，X 射线衍射结果表明复合物组分 $AgSbO_3$和 $NaNbO_3$保持各自的衍射峰，没有发现杂质峰，如图 4.6 所示。为了研究 $NaNbO_3$在复合物中的变化趋势，对衍射峰强度已经按照 $AgSbO_3$的最强峰进行了归一化处理。利用衍射峰强度比 I_{AgSbO_3}/I_{NaNbO_3} 进行估计复合物中 $AgSbO_3$和 $NaNbO_3$之间的比例。衍射峰强度与原始的 $AgSbO_3$和 $NaNbO_3$的比例成很好的线性关系，这说明二者的比例在最终的样品中与名义比例十分相近。利用拉曼光谱研究表面微区内物质组成，结果表明，当 $x\leqslant1$ 时，复合物的拉曼光谱与 $NaNbO_3$的相似；当 $x>1$ 时，复合物的拉曼光谱与 $AgSbO_3$的相似。依据拉曼光谱的原理，推测 $AgSbO_3$覆盖在复合物 $xAgSbO_3/NaNbO_3$ ($x\geqslant1$) 表面。

$NaNbO_3$只吸收紫外光，$AgSbO_3$吸收可见光，所有复合物都能吸收可见光。随着 $AgSbO_3$含量的增加，复合物的吸收带边发生了红移，比 $NaNbO_3$吸收更多的可见光。这暗示着可以实现其可见光光催化性能。

形成复合物后，材料的光电行为会发生相应的变化，其表面光电压测试结果如图 4.7 所示。表面光电压是指表面电势在光照前后的差值，能够表征材料

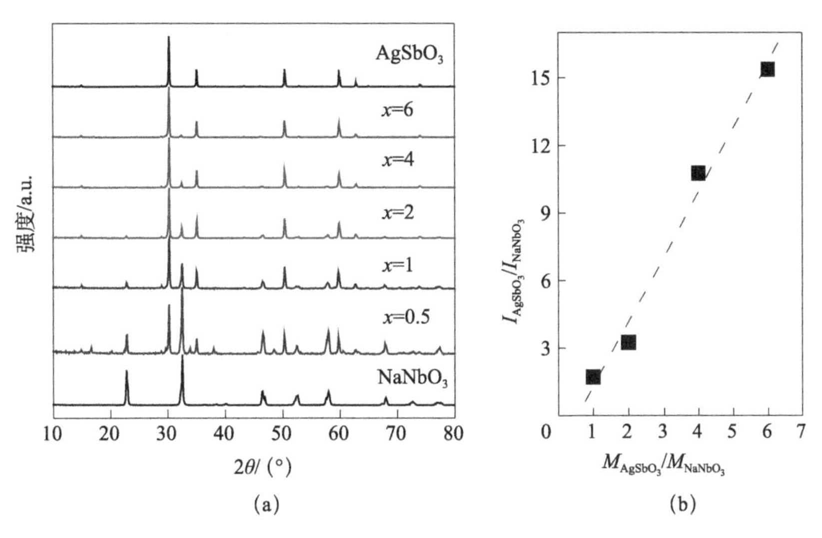

图 4.6　(a)xAgSbO$_3$/NaNbO$_3$的 XRD 图谱；(b) 衍射峰强度比与物质的量之间的关系图

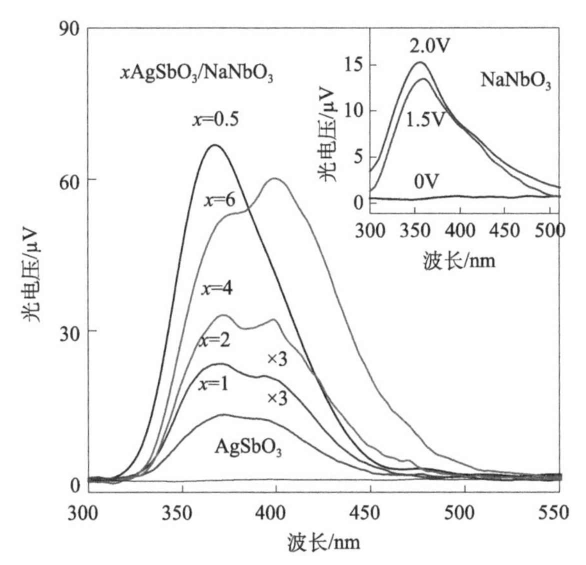

图 4.7　样品的表面光电压谱图

插图为 NaNbO$_3$光电压随外加偏压变化图

表面的光电子行为[18]。图 4.7 的插图表明 NaNbO$_3$在无外加偏压的情况下，其表面光电压非常小。外加偏压可以有效地提高电荷分离效率。当外加偏压＋1.5V和＋2V 时，在 360nm 处出现一个光电压峰，这与 NaNbO$_3$的带带跃迁相一致。峰电压值随着外压偏压的增加而增加，说明 NaNbO$_3$是一个 n 型半导体[19]。复合物的表面光电压大小受 AgSbO$_3$含量的影响。当 $x \leqslant 1$ 时，复合物的

谱轮廓与 $NaNbO_3$ 相似；当 $x>1$ 时，复合物的表面光电压谱中出现了新峰。以上结果表明，当 $x\geqslant 1$ 和 $x<1$ 时，表面分别是 $AgSbO_3$ 和 $NaNbO_3$。这与拉曼光谱的结果一致。在复合物的表面光电压谱中出现了 375nm 和约 400nm 两个峰，前者对应于 O 2p 到 Nb 4d 的跃迁；后者主要是 Ag 4d 到 Sb 5s 跃迁。$AgSbO_3$ 的价带和导带分别由 Ag 5s 和 Sb 5s，Ag 4d 和 O 2p 组成。$AgSbO_3$ 的表面光电压，在无偏压的情况下也非常小，而复合物的表面光电压明显增强，这可能来自 $AgSbO_3$ 和 $NaNbO_3$ 之间的电子传输。在 α-Fe_2O_3 修饰的 Zn_2SnO_4 体系中也发现了类似的现象[20]。

采用空气饱和情况下可见光照射降解 RhB 评价材料的光催化性能。根据一级反应动力学，采用速率常数表征材料的光催化性能，结果如图 4.8 所示。虽然 $NaNbO_3$ 不吸收可见光，但是依然会有一点光催化性能，这可能是来自罗丹明 B 的敏化自降解。与两个母体材料相比，所有复合材料均表现出增强的光催化性能，而且远远高于两个机械混合样品的性能。当 $x=1$，复合物具有最高的光催化性能，其结果分别是 $AgSbO_3$ 和 $NaNbO_3$ 的 4 倍和 8 倍。

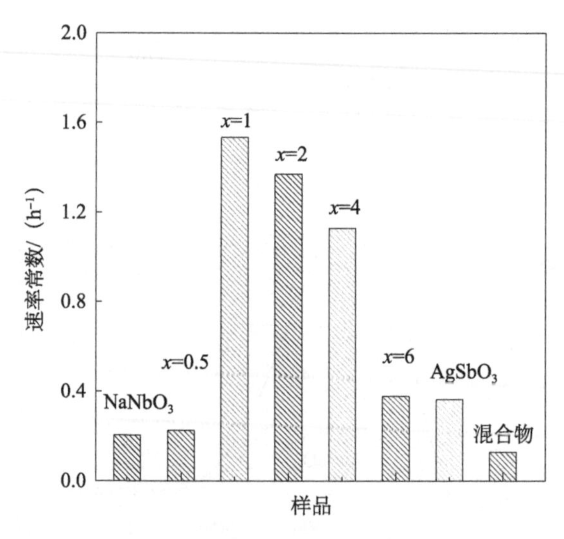

图 4.8　降解 RhB 的速率常数图

复合物光催化性能受很多因素影响，如样品分散性、比表面积、组成物之间的电子传输、表面光电性质等。SEM 结果显示样品的分散性基本相同。复合样品的 BET 比表面积在 $1.9\sim2.8m^2\cdot g^{-1}$。如此小的差别不可能造成光催化性能之间巨大的差别。复合物之间的电子传输对于光催化性能至关重要。由于是在可见光照射下，$AgSbO_3$ 可以吸收可见光，所以我们认为电子从 $AgSbO_3$ 注入 $NaNbO_3$ 上。当 $x=1$ 时，其表面光电压最小，这表明在光照前后表面能带弯曲的差别最小，光生电子在表面积聚较少，能高效地传导到表面吸附物种上面，

例如吸附的 O_2。氧化物复合研究结果表明，$NaNbO_3$在光催化降解有机污染物的过程中是光生电子最终的消耗位置。

4.2 硫化物复合材料

CdS是一种可见光响应型光催化材料，其带隙为2.4eV。以其作为敏化剂改性$NaNbO_3$，提高其可见光下光电化学水分解的性能[8]。此外，形成核-壳异质结构可以提高光催化降解有机污染物的性能[7]。本节详细介绍$NaNbO_3$/CdS核-壳纳米棒复合光催化材料在光电化学水分解和环境净化方面的研究工作。

4.2.1 $NaNbO_3$/CdS核-壳纳米棒光电极

利用水热法合成$NaNbO_3$纳米棒。将0.5g $Nb(OC_2H_5)_5$与10mL乙二醇混合，然后在40℃下滴加1mL的20mol·L^{-1} NaOH，并搅拌1h。将反应混合物转移到特氟龙内衬的高压釜中，使其在200℃下反应24h。通过离心回收产物，并用蒸馏水和乙醇洗涤，然后将所得粉末在550℃下煅烧4h。在水热过程中，将4mmol乙醇镉、4mmol硫粉末和10mL十二烷基胺（在50℃预热，同时搅拌30min）加入$NaNbO_3$反应混合物中，将反应混合物转移到特氟龙内衬的高压釜中，在相同反应条件下，可以得到$NaNbO_3$/CdS核-壳纳米棒复合光催化材料。

X射线衍射数据表明复合光催化材料为正交结构的$NaNbO_3$和六方结构的CdS。SEM图像显示CdS覆盖在$NaNbO_3$纳米棒上面。纳米棒具有较大的长径比，直径为(40±5)nm，长度为(1300±100)nm。TEM图像显示在纳米棒上涂覆有一薄层物质，如图4.9所示。选择区域电子衍射结构表明包含有多晶颗粒，面间距测量结果表明分别是正交结构的$NaNbO_3$和六方结构的CdS，与XRD结果一致。从HRTEM图像可以清楚地看到两层物质，傅里叶变换结果表明两层物质具有很好的晶格匹配关系，分别对应CdS（102）晶面和正交$NaNbO_3$（112）晶面。一系列的元素分析结果表明CdS生长在$NaNbO_3$纳米棒的外表面。通过漫反射光谱估计光学带隙，在$NaNbO_3$/CdS样品中出现了两个明显的带边吸收，分别对应于$NaNbO_3$和CdS，这说明二者形成了复合物。

采用三电极法研究材料的光电化学性能。在300nm单色光源照射下，线性扫描伏安曲线结果表明与单一物质$NaNbO_3$和CdS相比，$NaNbO_3$/CdS复合物的开启电压更负、光电流密度更大。在模拟太阳光的可见光照射下，$NaNbO_3$/CdS复合材料仍然具有较高的光电流密度。

通过电负性计算法估计两个材料带边的相对位置，如图4.10所示。$NaNbO_3$导带底比CdS导带底稍正，这有助于电子从CdS中注入到$NaNbO_3$上，提高了光生载流子的分离效率。

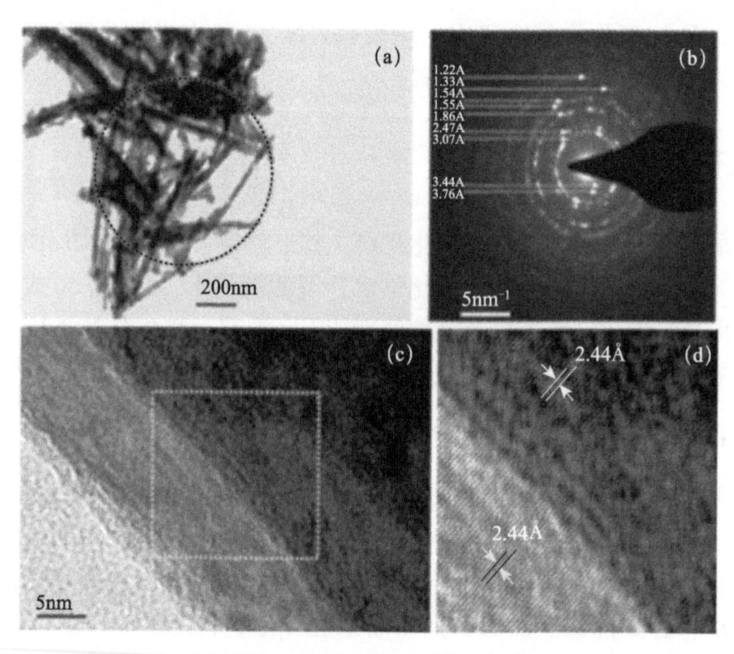

图 4.9 CdS-$NaNbO_3$ 纳米棒样品的电子显微镜

(a) TEM 图像；(b)(a) 中由虚线圆标记区域为选择区域电子衍射图像；
(c) 显示晶格条纹的 HRTEM 图像；(d) 为 (c) 中的虚线框

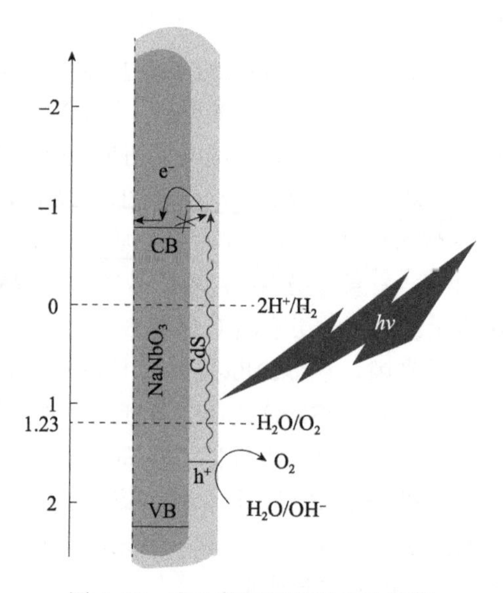

图 4.10 光生载流子转移的示意图

利用 Mott-Schottky 方法测定材料的平带电势，进而确定 n 型半导体材料的导带底位置，并计算材料的载流子浓度。$NaNbO_3$/CdS 复合材料的 Mott-

Schottky曲线线性部分的斜率为正，这说明其为 n 型半导体，其平带电势为 0.61V，接近 CdS 的平带电势 0.61V，小于 $NaNbO_3$ 的 0.76V；其载流子密度（N_D）值分别为 $8\times10^{22}cm^{-3}$。利用时间分辨光致发光光谱研究材料的光生载流子寿命，$NaNbO_3$/CdS 复合材料具有较长的衰减时间，这说明其光生载流子具有较长寿命。这主要是由 CdS 和 $NaNbO_3$ 之间有效的电子转移造成的。此外，二者之间很好的晶格匹配降低了光生载流子的转移损失。在 600nm 光照时，CdS/$NaNbO_3$ 复合材料的光电转化效率（IPCE）为 6.55%，并随波长减小增加到 300nm 时的 23.91%。以上这些结果表明，表面修饰的 CdS 有效地改善了 $NaNbO_3$ 的光生载流子行为，提高了其光电化学性能。

4.2.2　$NaNbO_3$/CdS 核-壳纳米棒降解有机污染物

利用水热法合成 $NaNbO_3$ 纳米棒。将 Nb_2O_5 与 $10mol\cdot L^{-1}$ NaOH 溶液混合，并搅拌 1h。将反应混合物转移到特氟龙内衬的高压釜中，使其在 150℃下反应 48h。通过离心回收产物，并用蒸馏水和乙醇洗涤，然后将所得粉末在 70℃烘干 4h，得到 $NaNbO_3$ 纳米棒。采用表面功能化法制备 $NaNbO_3$/CdS 核-壳纳米棒，首先用 3-巯基丙酸作为功能反应物，加入硝酸镉，最后加入 Na_2S 形成黄色 $NaNbO_3$/CdS 核-壳纳米棒。

X 射线衍射结果表明 $NaNbO_3$ 是正交结构，CdS 是立方结构。同时在复合物的 X 射线衍射图谱中发现峰位置向大角度移动。利用 X 射线衍射结果，采用 Williamson-Hall 图分析应变[21]。具体通过以下公式：

$$\beta\cos\left(\frac{\theta}{\lambda}\right)=\frac{1}{D}+\eta\sin\left(\frac{\theta}{\lambda}\right) \tag{4.2}$$

式中，β 是半高宽；θ 是衍射角；λ 是 X 射线波长；η 是有效应变；D 是晶粒尺寸。通过绘制 $\beta\cos$（θ/λ）vs. sin（θ/λ）图，斜率就是应变效率 η，截距是晶粒尺寸 D。

通过比较复合前后的 Williamson-Hall 图发现纯 $NaNbO_3$ 是拉应变，而复合物是压应变。此外，复合物的拉曼光谱是 $NaNbO_3$ 和 CdS 拉曼谱的叠加，并且振动峰位置向长波数移动。这说明形成了 $NaNbO_3$/CdS 核-壳纳米棒异质结构。

扫描电子显微镜和能谱分析结果表明：与纯的 $NaNbO_3$ 纳米棒相比，$NaNbO_3$/CdS 核-壳纳米棒平均长度没有变化，平均直径增加；CdS 均匀地覆盖在 $NaNbO_3$ 纳米棒表面。

通过 TEM 和 HRTEM 研究，如图 4.11 所示，其结果清楚地表明 CdS 颗粒覆盖在 $NaNbO_3$ 表面。通过局域点的能谱分析发现，当电子束穿过纳米棒中间时，Na、Nb、Cd 和 S 元素清晰可见。当电子束贴近壳层通过时，Cd 和 S 元素的信号增强。这些结果充分表明形成了 $NaNbO_3$/CdS 核-壳纳米棒异质结构。

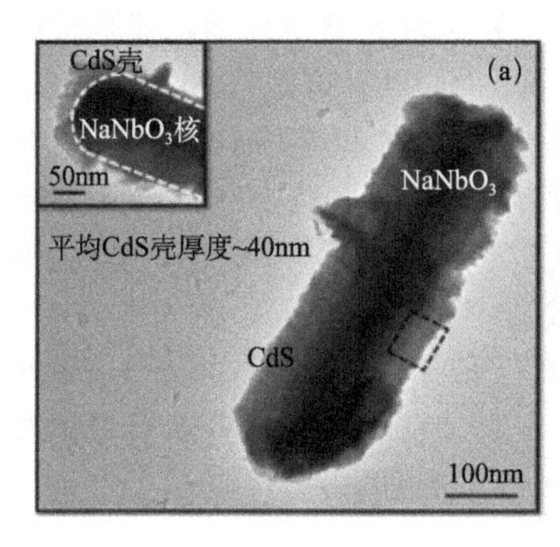

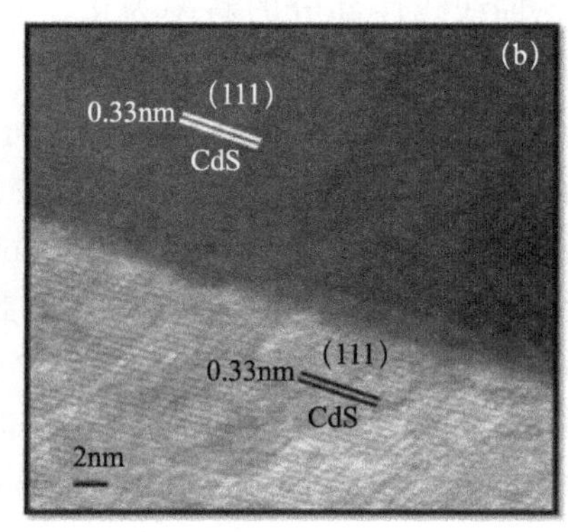

图 4.11　TEM 图片和 HRTEM 图片

插图为放大的 TEM 图片

纯的 $NaNbO_3$ 和 CdS 的 BET 比表面积测试结果分别是 $7.18m^2 \cdot g^{-1}$ 和 $9.61m^2 \cdot g^{-1}$，$NaNbO_3$/CdS 核-壳纳米棒的比表面积是 $77.03m^2 \cdot g^{-1}$。当纳米棒 $NaNbO_3$ 被纳米颗粒 CdS 在表面修饰时，极大地增加了比表面积。

在可见光照射下降解亚甲基蓝(MB)评价光催化性能，结果如图 4.12 所示。从图中可以看出，60min $NaNbO_3$/CdS 核-壳纳米棒将 MB 基本完全降解。其性能远远超过纯的 $NaNbO_3$ 和 CdS，甚至商业用的 P25。通过一级反应动力学估计速率常数，$NaNbO_3$/CdS 核-壳纳米棒的速率常数为 $6.33 \times 10^{-2} min^{-1}$。

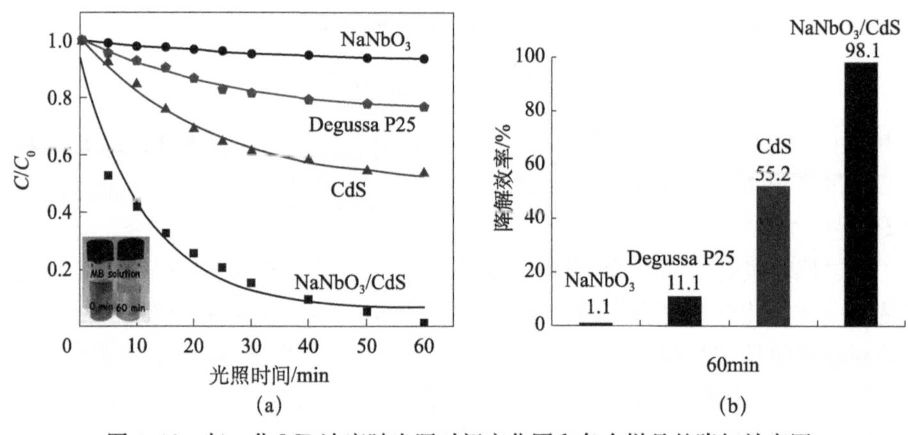

图 4.12　归一化 MB 浓度随光照时间变化图和各个样品的降解效率图

光催化性能增强的主要因素有：(1) 比表面增大导致的吸附性能增强；(2) 可见光吸收增强，纯的 $NaNbO_3$ 不吸收可见光，复合物可以将吸收带边拓展至 420nm；(3) 有效的电荷分离，其示意图如图 4.13 所示。CdS 导带中的光生电子注入 $NaNbO_3$ 的导带中，$NaNbO_3$ 中的空穴会注入 CdS 的价带中，有效

地分离光生电子-空穴对。光致发光谱发现，复合物具有 460nm 的发光峰，不同于纯 $NaNbO_3$ 的 387nm 和 CdS 的 505nm。这可能来源于 $NaNbO_3$ 导带上的电子和 CdS 价带中的空穴复合。

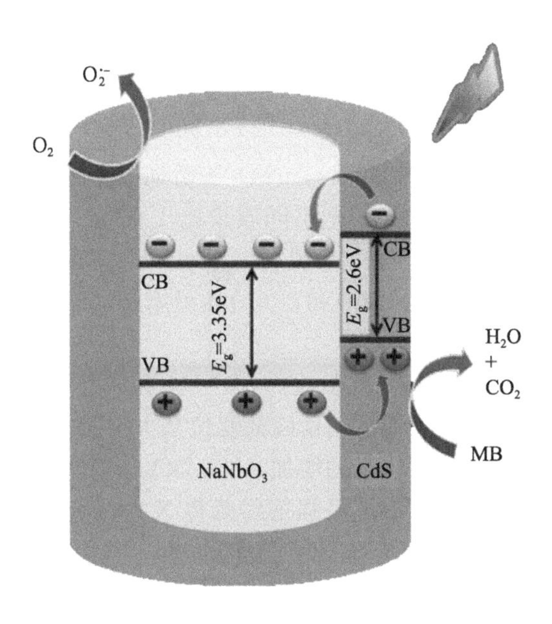

图 4.13　$NaNbO_3$/CdS 核-壳纳米棒电荷分离示意图

通过加入牺牲剂的方法研究降解机理。当加入空穴牺牲剂草酸铵时，降解效率几乎没有受到任何影响。当加入电子牺牲剂 Ag^+、$O_2^{\cdot-}$ 牺牲剂苯醌和 ·OH 牺牲剂叔丁醇，降解效率大幅度下降。依据以上结果，认为 ·OH 是降解的主要氧化物物种。

通过循环实验表明 $NaNbO_3$/CdS 核-壳纳米棒具有光催化性能的稳定性。通过反应后 XRD 和 TEM 表征说明其具有结构稳定性，特别是 CdS 并没有光腐蚀性。

4.3　碳化物复合材料

不含金属元素的催化剂——石墨相氮化碳（g-C_3N_4）光催化引起了学者们的广泛关注，因为其化学稳定性和热稳定性高，可广泛应用于光催化水分解、有机污染物的降解和 CO_2 还原中[22]。结合两种不同催化剂使其具有合适的导带和价带的半导体异质结可以有效地阻止光生载流子复合，从而提高光催化性能。相比原始材料，这些复合光催化材料显示了较高的催化活性。本节将介绍两个

$NaNbO_3/g\text{-}C_3N_4$研究工作：(1) 采用廉价的尿素为原料制备 $g\text{-}C_3N_4$，一步法形成氮掺杂的 $NaNbO_3/g\text{-}C_3N_4$复合光催化剂，并研究了其光催化降解有机污染物的性能[9]。(2) $g\text{-}C_3N_4/NaNbO_3$纳米线复合光催化材料的制备以及还原 CO_2成 CH_4的光催化性能[23]。

4.3.1 $NaNbO_3/g\text{-}C_3N_4$降解有机污染物

通过水热法制备纯相的 $NaNbO_3$。按不同质量比（m_{NaNbO_3} ∶ m_{urea} = 1 ∶ 20，1 ∶ 40，1 ∶ 60）将 $NaNbO_3$和尿素（urea）充分研磨，在 600℃煅烧 0.5h 得到复合光催化剂。为方便表述，我们把不同质量比 1 ∶ 20，1 ∶ 40，1 ∶ 60 分别简称为 A(20)，B(40)，C(60)。通过计算样品 600℃煅烧后的质量损失，结果表明 A(20)样品的质量减少，而 B(40)和 C(60)质量增加，说明尿素分解产物存在于 B(40)和 C(60)样品中。

通过 X 射线衍射确定不同质量比的 $NaNbO_3$和尿素煅烧产物的物相组成。X 射线衍射图谱出现的几个尖锐的衍射峰的峰位基本相同，均为正交晶系 $NaNbO_3$的衍射峰。另外，随着尿素含量的增加，$NaNbO_3$衍射峰信号减弱。为了更清楚地显示物相组成，按照 $NaNbO_3$最强衍射峰将 X 射线衍射结果进行归一化，如图 4.14 所示，从图中可以明显看出，尿素的分解产物在 2θ=27.06°，13.29°有两个特征峰，属于 $g\text{-}C_3N_4$[22]，对应的晶面间距分别是：d_1 = 0.329nm，d_2=0.666nm。

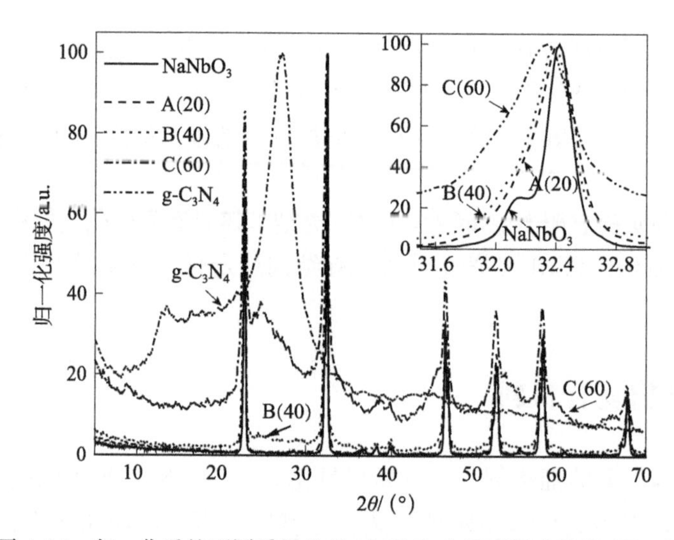

图 4.14 归一化后的不同质量比的 $NaNbO_3$和尿素混合物的 XRD 图

插图为 31.7°～32.7°的放大图

从图 4.14 的插图可以看出：与纯 $NaNbO_3$相比，随着尿素含量的增加，

A(20)，B(40)，C(60) 样品的第一强峰都向低角度发生了偏移，说明晶面间距增大。N 的离子半径比 O 的离子半径略大，N 离子取代 O 离子后将会导致 $NaNbO_3$晶格变大，从而引起晶体衍射峰向低角度移动。随着尿素含量的增加，沿 c 轴的晶格常数也在增大，这表明 N 元素进入了 $NaNbO_3$晶格中。

利用拉曼光谱进一步确认复合物样品的物相组成。结果表明 A(20) 和 $NaNbO_3$的拉曼谱峰形一致，而且并没有在 A(20)样品中发现其他由于掺杂引起的杂质峰，这表明 A(20)样品具有和 $NaNbO_3$一样的晶体结构，与 XRD 的结果一致。另外，与 $NaNbO_3$相比，A(20)样品在 600cm^{-1}附近拉曼峰发生了红移，该峰是由于 NbO_6八面体引起的振动拉曼峰[24]。根据 XRD 的结果，由于 NbO_6八面体中的 O 被 N 取代后，键长变长，晶格膨胀，导致声子频率降低，出现拉曼峰红移现象。需要说明的是，在其他样品中并没有发现拉曼峰的存在，这是由于大量的碳氮物附着在样品的表面，掩盖了拉曼峰信号。

与 XRD 相比，红外光谱对碳氮物的检测更灵敏[25,26]，图 4.15 是不同质量比的 $NaNbO_3$和尿素煅烧产物的傅里叶变换红外光谱，其中尿素的分解产物（g-C_3N_4）红外光谱表现出三个主要的振动：（1）3419cm^{-1}的吸收峰对应于 N—H 伸缩振动，这可能是由部分未完全分解的尿素造成的。3192cm^{-1}可能是由 C_3N_4吸附水的羟基伸缩振动产生的。（2）在 1000～1700cm^{-1}范围内有一系列较强的吸收峰，这个区域是 C 和 N 的单键和双键区，其中在中频区的 1633cm^{-1}、1565cm^{-1}的吸收对应于杂环或共轭环中的碳氮键振动吸收，而 1415cm^{-1}为 C═C的振动吸收；在低频区的主要吸收谱为 1313cm^{-1}、1241cm^{-1}是 C_3N_4分子的 C—N 伸缩振动和 N—H 弯曲振动的共同作用结果。（3）810cm^{-1}是由 C_3N_4分子的变形振动产生的，而在 642cm^{-1}处有一个宽而强的红外吸收带对应于

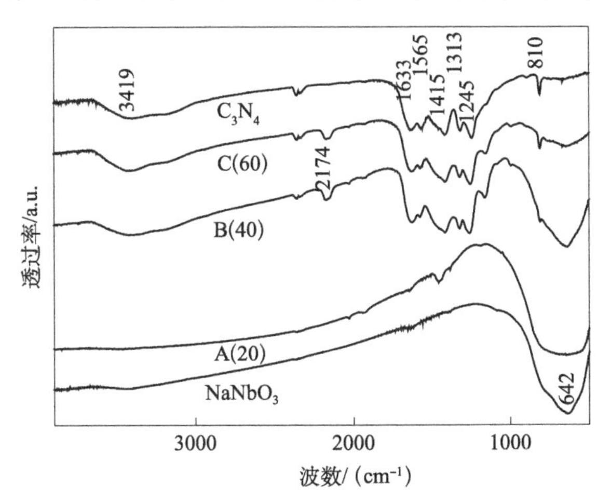

图 4.15　不同质量比的 $NaNbO_3$和尿素煅烧产物的傅里叶变换红外光谱

$NaNbO_3$的特征吸收。对于A(20)的红外光谱，宽而强的红外吸收带同样出现在642cm^{-1}处，同时在1415cm^{-1}有一个明显的弱峰，这些峰值对应了C═C键的不同振动，表明少量的C_3N_4覆盖在$NaNbO_3$的表面。B(40)和C(60)的红外光谱与C_3N_4相比，除了在2174cm^{-1}处多了一个明显的弱峰外，主要吸收谱未变，这表明大量的C_3N_4覆盖在其表面，而2174cm^{-1}归属于C≡N，意味着少量未知的碳氮物存在其表面。

在以往的研究中，通过尿素分解来制备N掺杂的TiO_2、ZnO和铌酸盐等的报道并不少见，但是实验中并没有碳氮物的出现，这可能是由于实验过程中使用尿素的量较少[27-30]。Zhang等报道，在合成材料的过程中使用了大量的硫脲，结果发现在ZnS的表面附着有三聚硫氰酸这种敏化剂[31]。因此，根据以上的结果并基于XRD、Raman和IR光谱的分析，可以得出以下结论：我们制备的A(20)、B(40)和C(60)样品是N掺杂的$NaNbO_3$表面覆盖有C_3N_4，也就是N-$NaNbO_3$/C_3N_4复合光催化剂。

从样品表面的扫描电镜图可以看到，$NaNbO_3$是棱角分明的方块状，这和以前报道的一致[32]。但是，随着尿素含量的增加，原本完整的形状变得不规则而且颗粒尺寸也在减小。这可能是由于碳氮物附着在其表面所致。尿素在600℃煅烧后的扫描电镜图显示其由片状组织构成，但结合不够紧密，晶粒之间有空隙，粉体分布比较疏松，而且颗粒中有少量气孔存在。这样的形貌主要是由于反应过程中释放出大量的氨气所致。

通过X射线光电子能谱（XPS）确认样品的元素组成。在样品的N 1s峰中，随着尿素含量的增加，归属于碳氮物的峰值也增加，这与在O 1s峰中氧的变化正好相反。以上结果表明，随着尿素含量的增加，碳氮物的量也相应地增加。采用Gauss多峰值拟合，N 1s可以分为398.7eV、400.6eV和404.4eV。398.7eV峰的存在说明样品中存在sp^3 C—N键。400.6eV峰对应于sp^2 C═N结合状态。对于404.4eV峰，在以往的研究中，只在粉末样品中存在，而薄膜样品中不存在[33,34]。Colaux认为这是由吸附的氮气分子造成的[33]，而Foy等认为是C_3N_4杂环中离域π电子造成的[34]。根据N 1s峰值随着尿素含量增加而增强来看，我们认为Foy等的见解更能反映材料的性质。在Na 1s XPS图谱中，$NaNbO_3$中Na 1s结合能是1071.4eV，这和以前报道的结果是一致的。另外，受尿素中氮的影响，Na 1s和Nb 3d的结合能强度减小，并且Na的1s结合能发生偏移，这些都表明，随着尿素含量的增加，碳氮物的量也逐渐增加，这些结果和XRD与IR的结果是一致的。

利用紫外-可见漫反射光谱表征样品的光学吸收性质，结果如图4.16所示。与纯$NaNbO_3$相比，随着尿素含量的增加，其他样品的吸收边均发生红移，表现出明显的可见光吸收性能。而C_3N_4在400～500nm范围内表现出强烈的可见光吸收，原因在于其2.7eV的光学带隙。对于TiO_2来说，通过不同方法合成的N-TiO_2的吸收光谱既表现出和TiO_2类似的吸收带边，又表现出比400nm更长的吸收拖尾[35,36]。A(20)样品表现了与N-TiO_2类似的光吸收，而B(40)和C(60)样品的吸收带边发生明显的红移。通过三聚硫氰酸敏化的ZnS同样表现出吸收带边红移，但这并没有受到原始硫脲含量的影响[31]。因此，B(40)和C(60)样品明显拓宽的可见光吸收可归因于其表面覆盖大量的碳氮物。

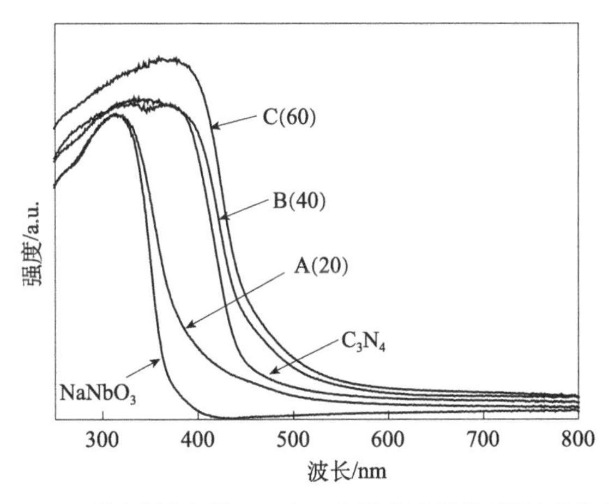

图4.16　不同质量比的$NaNbO_3$和尿素的紫外-可见吸收光谱

利用RhB溶液的光催化降解来评价样品的光催化活性，结果如图4.17所示。以500W的Xe灯作光源，取0.1g粉体催化剂悬浮于100mL 5mg·L^{-1}的RhB溶液中，室温下置于自制密封光反应器中均匀搅拌，暗反应30min，以确保达到吸附/脱附平衡，然后开始光照。在实验过程中，每隔30min取一定量的液体样品，过滤，然后取上层清液用紫外-可见吸收光谱进行分析测定。通过在554nm处的特征吸收值来检测RhB的浓度。通过起始浓度和1h后的浓度估算得到降解速率。在所制备的样品中，$NaNbO_3$降解RhB的活性最低。与纯的$NaNbO_3$相比，C_3N_4具有较高的光催化活性。而且在光催化降解RhB方面，N-$NaNbO_3$/C_3N_4的光催化活性随着尿素含量的增加呈现增大趋势，其中C(60)样品表现出最高的光催化活性。但是，对于N-TiO_2来说，通常可见光催化活性增强的同时，紫外光催化活性降低[36]。对金属络合物光敏化系统也是一样的结果。在我们的实验结果中，N-$NaNbO_3$/C_3N_4在全光谱Xe灯下的光催化活性高于纯$NaNbO_3$。基于以上的结果，我们认为C(60)样品光催化活性提高的原因在于其增强的光吸收能力以及在N-$NaNbO_3$与C_3N_4之间的电荷转移的能力。正如上面提到的，C(60)样品包含的N-$NaNbO_3$和C_3N_4能够形成一个光敏化系统，其中C_3N_4作为N-$NaNbO_3$的一个光敏剂，也就相当于H_6PtCl_6在H_6PtCl_6/$Ag_{0.7}Na_{0.4}NbO_3$系统中的作用[37]。为了进一步研究样品的光催化活性，我们把

RhB的自降解和商业用P25的光催化速率在同一条件下做了对比，发现C(60)样品具有和P25相近的光催化性能。

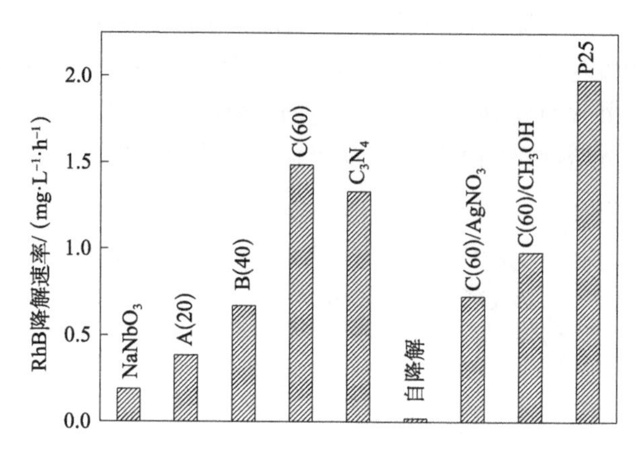

图4.17 在催化剂$NaNbO_3$、A(20)、B(40)、C(60)、C_3N_4、C(60)/$AgNO_3$、C(60)/CH_3OH、P25存在下降解RhB的光催化速率以及RhB自降解图

为了研究光生电子和空穴对RhB降解的贡献，在实验中我们分别加入甲醇作为空穴牺牲剂，$AgNO_3$作为电子牺牲剂来建立和光催化分解水产氢、产氧同样的系统。其中，$AgNO_3$的浓度为5mmol，甲醇和水的比例为1∶3。从图4.17降解RhB的光催化速率图可以看出，当分别加入两种牺牲剂时，RhB的光催化速率降低，这表明光生电子和空穴对RhB的降解都起到了重要作用，这与氮掺杂的$NaNbO_3$结果是一致的[30]。说明N-$NaNbO_3$/C_3N_4是一种高效光催化材料。

4.3.2 g-C_3N_4/$NaNbO_3$纳米棒还原CO_2

通过表面活性剂辅助的水热法制备$NaNbO_3$纳米线[38]。将$NaNbO_3$纳米线和三聚氰胺粉末混合研磨后放在坩埚内，在520℃马弗炉中加热4h，得到g-C_3N_4/$NaNbO_3$纳米棒复合光催化材料。

X射线衍射结果表明复合材料是由$NaNbO_3$（JCPDS010727753）和g-C_3N_4（JCPDS 87-1526）组成，没有其他杂质。紫外可见吸收光谱结果显示$NaNbO_3$吸收阈值位于约365nm处，而g-C_3N_4材料可以吸收的太阳能波长为450nm。g-C_3N_4和$NaNbO_3$带隙为3.4eV和2.7eV。g-C_3N_4/$NaNbO_3$复合样品光吸收边为450nm，与g-C_3N_4类似。这清楚地表明了g-C_3N_4/$NaNbO_3$在可见光区域具有潜在的应用。

样品的显微结构采用场发射扫描电镜（FESEM）进行表征，图4.18显示了纯g-C_3N_4 FESEM图谱。结果表明，g-C_3N_4是具有堆叠的层状结构（图4.18(a)）。$NaNbO_3$样本为直径约200nm的纳米线结构，其长度可达几十微米

(图4.18 (b))。如图4.18 (c) 所示，$NaNbO_3$纳米线随机分布在g-C_3N_4片表面，从而形成一个异构的g-C_3N_4/$NaNbO_3$材料。为了获得更深入的信息，使用高分辨透射电子显微镜（HRTEM）对g-C_3N_4/$NaNbO_3$的显微结构进行分析。所制备样品的低、高倍透射电子显微镜（TEM）图像如图4.19所示。结合SEM图像中观察到的$NaNbO_3$形态，在TEM图像中暗的部分对应$NaNbO_3$，亮的部分对应于g-C_3N_4，这进一步表明$NaNbO_3$纳米线位于g-C_3N_4表面上。从g-C_3N_4/$NaNbO_3$异质结HRTEM图像中，我们可以看到在g-C_3N_4和$NaNbO_3$之间形成了紧密的界面，即g-C_3N_4/$NaNbO_3$异质结。此外，这一结果也说明了g-C_3N_4/$NaNbO_3$是异质结构而不是物理混合。

图4.18　(a)g-C_3N_4，(b)$NaNbO_3$和(c)g-C_3N_4/$NaNbO_3$的FESEM图谱

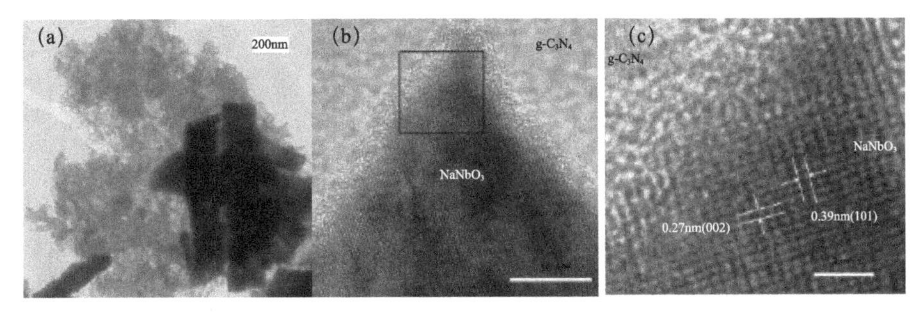

图4.19　g-C_3N_4/$NaNbO_3$的TEM图像

大气中CO_2排放量的迅速增加已经导致了日益严重的环境问题，例如“温室效应”。为了缓解这些问题，模仿植物光合作用的人工光合系统将CO_2转化为燃料或其他有用的化学物质是一种有效的策略。虽然CO_2的还原相当困难，但光催化还原CO_2为燃料（如甲醇或甲烷）在常温常压下利用阳光和光催化材料是一种较为可行的方法，它可以缓解温室效应以及获得有机燃料或化工基础原料。通过CO_2还原实验评价催化剂光催化性能。光催化反应在石英玻璃容器中进行。反应容器的体积约为230mL。将0.1g的样品均匀地平铺在位于密闭石英玻璃容器中央的小玻璃容器底部。向容器中通入CO_2排出空气，利用液体注射器向反应器中注入3mL水，然后将反应器置于黑暗环境下2h，使其达到吸附脱

附平衡。最后，将反应器放到300W的Xe灯（ILC Technology，CERMAX LX-300）下照射。在一定的时间间隔下，从密闭反应器中抽取0.5mL气体样品，用气相色谱仪（GC-14B，Shimadzu，Japan）来分析CH_4的浓度。

图4.20显示了$NaNbO_3$，g-C_3N_4和g-C_3N_4/$NaNbO_3$复合光催化材料的比表面积和CH_4的产生速率。在前4个小时的照射过程中，g-C_3N_4/$NaNbO_3$的CH_4生成率为6.4μmol·h^{-1}·g^{-1}，而g-C_3N_4的CH_4生成率为0.8μmol·h^{-1}·g^{-1}，即g-C_3N_4/$NaNbO_3$的活性为g-C_3N_4的8倍。与g-C_3N_4光催化材料相比，异质结光催化材料的光催化性能显著增强。光催化反应前后，样品的XRD图谱没有明显变化，表明在目前的光催化反应过程中，g-C_3N_4/$NaNbO_3$催化剂是比较稳定的。

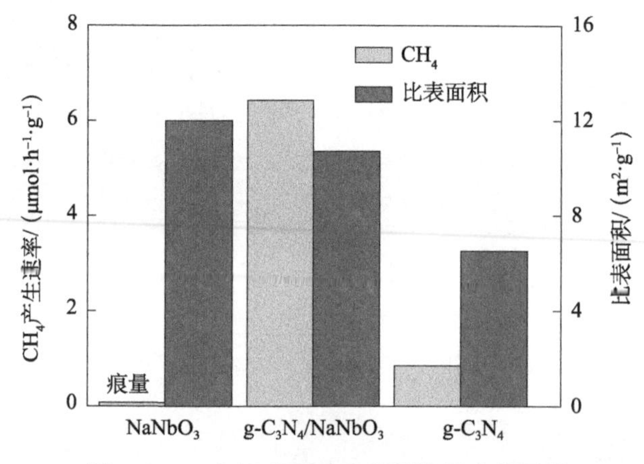

图4.20　g-C_3N_4/$NaNbO_3$的活性及比表面积

虽然g-C_3N_4/$NaNbO_3$和g-C_3N_4有相似的光学吸收和接近的比表面积，但是它们对CO_2还原的光催化活性明显不同。这说明应该有另一个重要的因素影响其光催化活性。除了材料的光吸收和表面积之外，半导体中有效的电荷分离常常对其光催化性能起着决定性的作用。相对于标准氢电极（NHE），$NaNbO_3$的导带边缘位置为−0.77eV，根据带隙计算得出其VB边缘为2.63eV。而g-C_3N_4的导带和价带边缘电位为−1.13eV和1.57eV。此外，采用价带的X射线光电子能谱（VB-XPS）研究了g-C_3N_4和$NaNbO_3$的价带顶。如图4.21所示，g-C_3N_4和$NaNbO_3$价带边的位置分别位于约1.5eV和2.7eV，与理论计算结果一致。因此，可以得出结论，$NaNbO_3$价带顶低于g-C_3N_4，而C_3N_4的导带底部高于$NaNbO_3$，能带匹配示意图如图4.21所示。在异质光催化材料中，g-C_3N_4作为敏化剂吸收光子以及光照后激发电子-空穴对。由于g-C_3N_4的导带边（−1.13eV）比$NaNbO_3$的（−0.77eV）更负，光激发的电子从g-C_3N_4转移到$NaNbO_3$的导带。众所周知，贵金属Pt可以作为优良的受体和光致电子的陷阱，因此，光生电子可以迅速转移到 Pt 产生 CH_4。按照这种方式，光激发的电子-空穴对可以有效地分离。

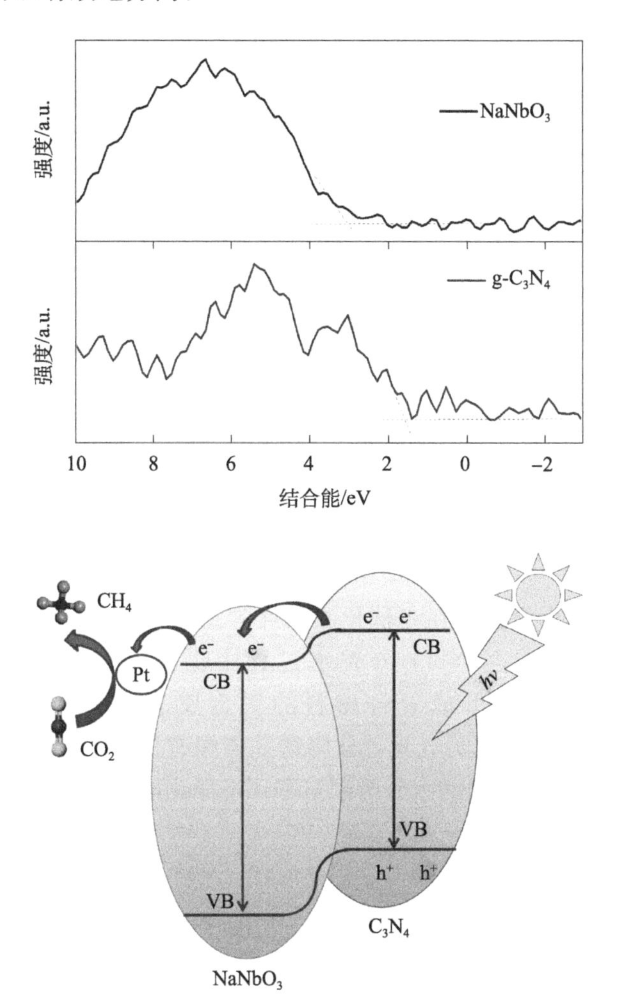

图 4.21 VB-XPS 光谱图和能带匹配示意图

为了验证上述的机制，我们对 g-C_3N_4/$NaNbO_3$ 进行了光致发光谱的测量。一般认为，较高的荧光强度意味着更高的电子-空穴对复合率和较低的光催化活性。如图 4.22 所示，在波长为 350nm 的光激发下，g-C_3N_4 在 460nm 处有一个主发射峰，和以前所报道的相类似。对于 g-C_3N_4/$NaNbO_3$，发光的位置几乎相同，而强度比 g-C_3N_4 有所减弱，这表明 g-C_3N_4/$NaNbO_3$ 复合材料具有较低的光生载流子复合率。正如上面提到的，它可能是由 g-C_3N_4 和 $NaNbO_3$ 之间的电荷转移所引起的。此外，g-C_3N_4 的层状结构可以作为一个很好的电子传输平台，能够促进光生电荷的传输。

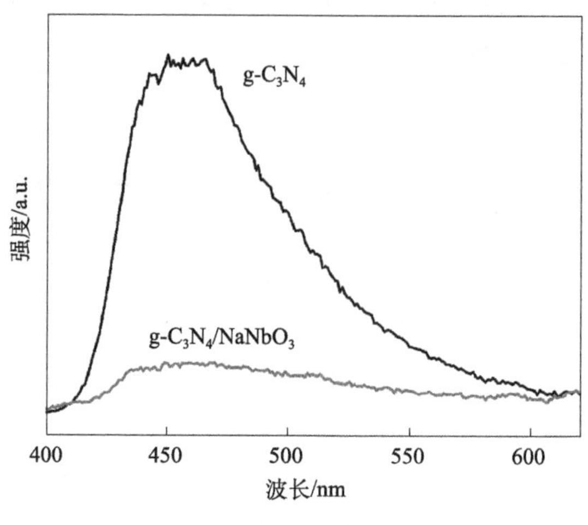

图 4.22 样品的荧光光谱

4.4 贵金属复合材料

贵金属或贵金属氧化物在光催化领域通常是作为助催化剂，提高光催化材料的光催化性能。在 $NaNbO_3$ 分解水过程中也需要担载贵金属，如 Pt 或 RuO_x[32,39]。与 $NaNbO_3$ 形成复合材料的贵金属有 Au 和 Pt。Baeissa 利用 $Au/NaNbO_3$ 复合物实现可见光光催化降解孔雀绿有机染料的性能[11]。利用 $Pt/NaNbO_3$ 纳米线实现了增强的水分解制氢和环境净化能力[12]。

4.4.1 $Au/NaNbO_3$ 复合材料

通过水热法制备 $NaNbO_3$，控制水热反应的温度从 100℃变化到 250℃，进而得到不同形貌的 $NaNbO_3$。利用光沉积法制备 $Au/NaNbO_3$ 复合材料，具体过程如下：1g $NaNbO_3$ 和 0.02g $HAuCl_4$ 分散到 100mL 蒸馏水中，强紫外光照 24h，粉末样品在 60℃干燥 24h。

透射电子显微镜结果表明，当温度为 100℃时，形貌为纳米棒；温度升高到 150℃时，形貌为立方体；继续升高温度到 200℃时，形貌变为尺寸较小的立方体；当温度达到 250℃时，变成纳米颗粒。X 射线衍射测试结果表明，所有样品均为正交结构的 $NaNbO_3$。光致发光谱表明随着温度增加，其发光强度逐渐增加。BET 比表面积结果表明，当温度增加时，比表面积不断增大，最大为 $16m^2 \cdot g^{-1}$。

$Au/NaNbO_3$ 复合材料依然是正交结构的 $NaNbO_3$，没有发现 Au 的衍射峰。这主要是 Au 的含量太少了。TEM 结果表明 Au 纳米颗粒均匀地分散在 $NaNbO_3$ 表面。有意思的是，紫外吸收光谱中，吸收带边发生了红移，从 3.1eV 移动至

2.45eV。光致发光谱中的发光峰强度降低，如图 4.23 所示。与纯的 $NaNbO_3$ 相比，复合物表现出 9 倍高的光电流响应。

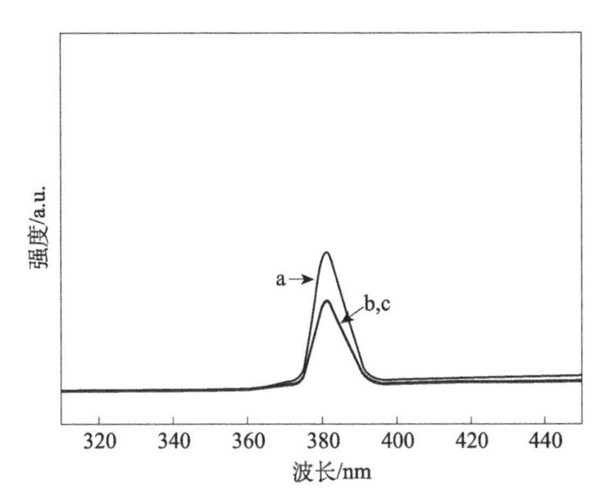

图 4.23　$NaNbO_3$(a)、新制备的 Au/$NaNbO_3$(b) 和使用过的 Au/$NaNbO_3$(c)的光致发光谱图

采用可见光照射降解孔雀绿染料评价 Au/$NaNbO_3$复合材料光催化性能。与纯的 $NaNbO_3$相比，复合材料表现出增强的光催化性能。通过优化催化剂的质量发现在 3.6g·L^{-1}时其光催化性能最佳。进行 5 次循环实验，其光催化性能无明显降低，这表明复合材料具有很好的光催化效率稳定性。

通过加入牺牲剂研究氧化物种，结果如图 4.24 所示。在加入空穴牺牲剂乙二胺四乙酸二钠（Na_2EDTA）后，降解效率变得非常低，这说明空穴直接氧化是主要过程。当加入羟基自由基牺牲剂叔丁醇时，降解效率略有降低，研究人

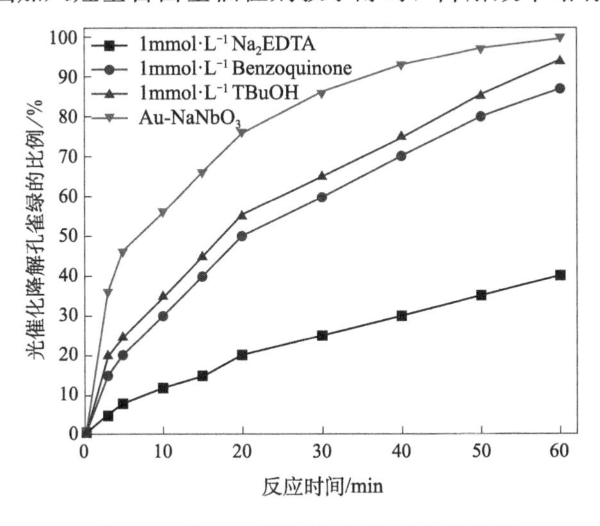

图 4.24　加入三种牺牲剂后的降解效率图

员认为是部分空穴与水反应产生羟基自由基。加入苯醌作为 $O_2^{\cdot-}$ 牺牲剂后，降解效率也略有降低。依据以上结果，研究人员认为 $O_2^{\cdot-}$ 和空穴是孔雀绿染料降解的主要氧化物种。

4.4.2 $Pt/NaNbO_3$纳米线复合材料

采用水热法制备 $NaNbO_3$。典型的过程是：1g Nb_2O_5 和 $10mol \cdot L^{-1}$ 的 NaOH 加入含 60mL 的去离子水的特氟龙内胆的水热釜中，在 180℃保持 2h，过滤清洗得到白色粉末，在 600℃加热 12h，得到 $NaNbO_3$ 纳米线。如果水热时间为 3h，最后得到立方体形貌的 $NaNbO_3$。光沉积法制备 $Pt/NaNbO_3$复合材料，具体是：0.3g $NaNbO_3$纳米线分散到 40mL 的去离子水中，加入 1.6mL 的 $H_2PtCl_6 \cdot 6H_2O$（$10mg \cdot mL^{-1}$）后，用 300W Xe 灯光照 4h。

从 SEM 和 TEM 照片可以看出，$NaNbO_3$ 纳米线的直径为 100nm，长几十微米。HRTEM 照片显示 $NaNbO_3$ 为(101)、(200)的晶格常数，Pt 颗粒为(111)，Pt 颗粒尺寸为 1.2nm。立方体形貌的 $NaNbO_3$ 样品的尺寸不均匀，在 0.5～1.5μm 区间变化。HRTEM 结果表明，只有 $NaNbO_3$ 的(200)和 Pt 的(111)，Pt 颗粒的尺寸为 1.9nm，且有团聚。

通过电感耦合等离子体发射光谱测试 Pt 含量与理论含量接近，但是 XPS 测试结果表明，Pt 在 $NaNbO_3$ 纳米线中的比例远远小于在立方体形貌的 $NaNbO_3$ 中的比例。研究人员认为 Pt 进入到了 $NaNbO_3$ 纳米线的晶格当中。通过测试 X 射线衍射图谱，发现 $NaNbO_3$ 纳米线的(100)和(010)晶面间距变小了，但是(001)的晶面间距增加了，如图 4.25 所示。这说明 Pt 元素渗透到了 $NaNbO_3$ 的晶格当中。通过拉曼光谱分析发现，在表面沉积 Pt 纳米颗粒后，$600cm^{-1}$ 处的 Nb—O 振动峰向高波数移动，并且发生了宽化，如图 4.26 所示。$Pt/NaNbO_3$ 纳米线复合材料比 $Pt/NaNbO_3$ 立方体复合材料的拉曼峰移动的更多，这说明 Pt 颗粒与 $NaNbO_3$ 纳米线作用更强。通过 XPS 分析发现，在 $Pt/NaNbO_3$ 纳米线复合材料中 Pt 只有金属态，并且 Nb 3d 的结合能变小；在 $Pt/NaNbO_3$ 立方体复合材料中 Pt 除了金属态还有氧化态存在，Nb 3d 的结合能无变化，如图 4.27 所示。以上结果再次证明，在 $Pt/NaNbO_3$ 纳米线复合材料中 Pt 与 $NaNbO_3$ 纳米线具有很强的相互作用。

利用分解水产氢评价其光催化性能。具体过程：0.1g 催化剂分散到 100mL 20% 的甲醇溶液中，去除空气后用 300W Xe 灯照射，利用气相色谱分析氢气的量。$Pt/NaNbO_3$ 纳米线复合材料分解水产氢的速率是 $26.6\mu mol \cdot h^{-1}$，是纯 $NaNbO_3$ 纳米线的 8.3 倍，是 $Pt/NaNbO_3$ 立方体复合材料的 24 倍，其量子效率为 0.53%。

在有氧环境下，Xe 灯全光谱照射下降解 RhB 评价其降解有机污染物的性

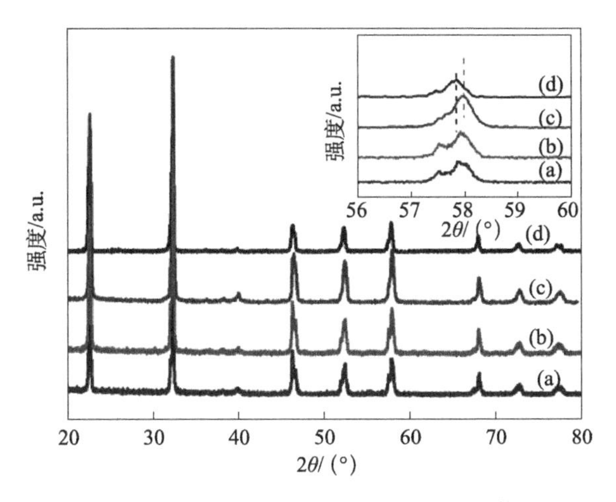

图 4.25　(a)$Pt/NaNbO_3$立方体，(b)$NaNbO_3$立方体，(c)$NaNbO_3$纳米线和(d)$Pt/NaNbO_3$纳米线的 X 射线衍射图谱

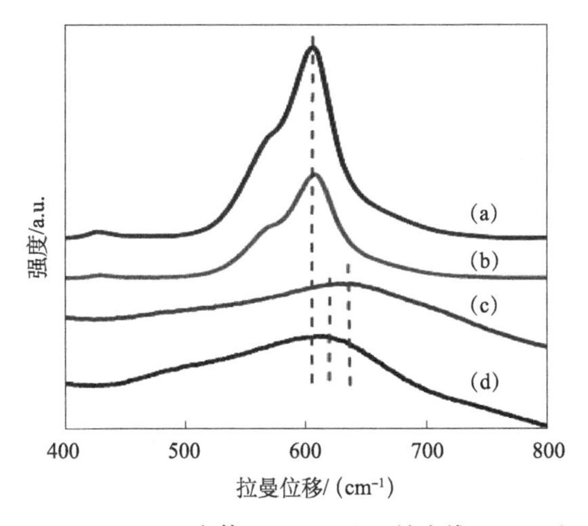

图 4.26　(a)$NaNbO_3$立方体，(b)$NaNbO_3$纳米线，(c)$Pt/NaNbO_3$纳米线和(d)$Pt/NaNbO_3$立方体的拉曼光谱图

能。通过一级动力学模型得到速率常数：$Pt/NaNbO_3$ 纳米线复合材料为 0.025min^{-1}，纯 $NaNbO_3$纳米线为 0.003min^{-1}。

通过吸收光谱、光致发光谱和电化学阻抗谱的测试表明，与 $Pt/NaNbO_3$立方体复合材料相比，$Pt/NaNbO_3$纳米线复合材料光催化性能增强的原因主要有：Pt 与 $NaNbO_3$之间较强的相互作用；Pt 纳米颗粒的均匀分散；较完美的一维形貌。

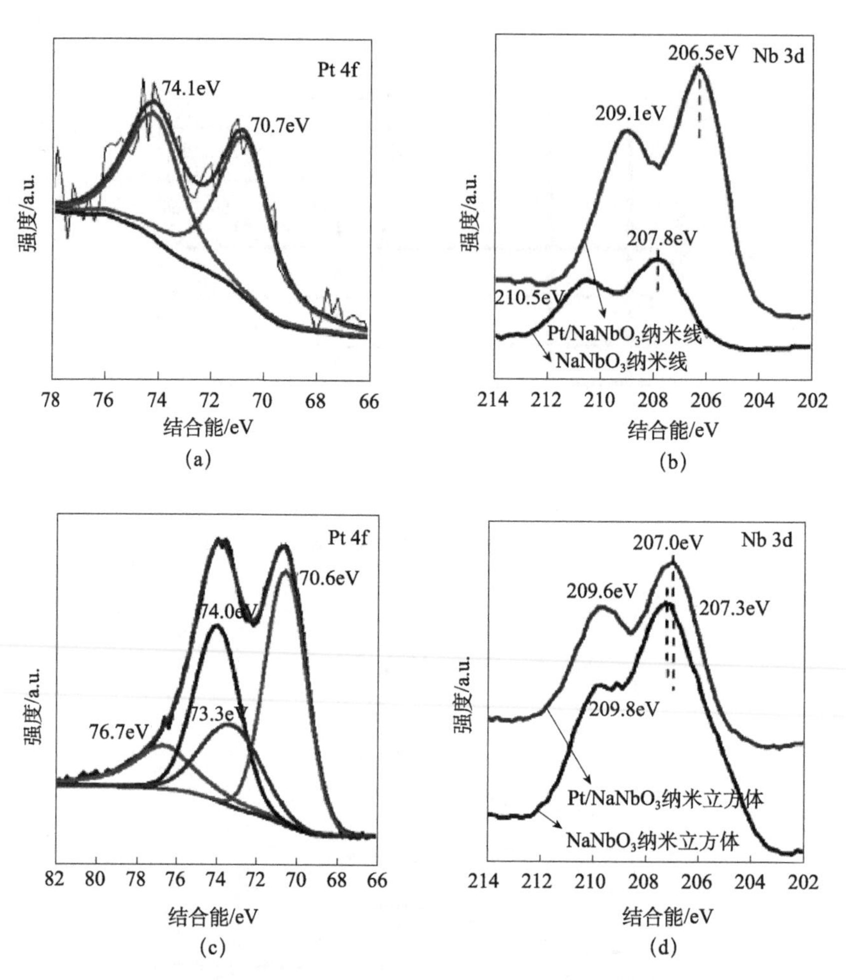

图 4.27 Pt/$NaNbO_3$纳米线的 Pt 4f(a)，Nb 3d(b)和 Pt/$NaNbO_3$立方体的 Pt 4f(c)，Nb 3d(d)XPS 图谱

参 考 文 献

[1] Xu H, Liu C T, Li H M, et al. Synthesis, characterization and photocatalytic activity of $NaNbO_3$/ZnO heterojunction photocatalysts. J. Alloy. Compd., 2011, 509 (37): 9157-9163.

[2] Chen S F, Ji L, Tang W M, et al. Fabrication, characterization and mechanism of a novel Z-scheme photocatalyst $NaNbO_3$/WO_3 with enhanced photocatalytic activity. Dalton T., 2013, 42 (30): 10759-10768.

[3] Lv J, Kako T, Li Z S, et al. Synthesis and photocatalytic activities of $NaNbO_3$ rods modified by In_2O_3 Nanoparticles. J. Phys. Chem. C, 2010, 114 (13): 6157-6162.

[4] Chen S F, Hu Y F, Ji L, et al. Preparation and characterization of direct Z-scheme photocatalyst $Bi_2O_3/NaNbO_3$ and its reaction mechanism. Appl. Sur. Sci., 2014, 292: 357-366.

[5] Saito K, Kudo A. Fabrication of highly crystalline $SnNb_2O_6$ shell with a visible-light response on a $NaNbO_3$ nanowire core. Inorg. Chem., 2013, 52 (10): 5621-5623.

[6] Li G Q, Wang W L, Yang N, et al. Composition dependence of $AgSbO_3/NaNbO_3$ composite on surface photovoltaic and visible-light photocatalytic properties. Appl. Phys. A - Mater., 2011, 103 (1): 251-256.

[7] Kumar S, Khanchandani S, Thirumal M, et al. Achieving enhanced visible-light-driven photocatalysis using type-Ⅱ $NaNbO_3$/CdS core/shell heterostructures. ACS Appl. Mater. Inter., 2014, 6 (15): 13221-13233.

[8] Nanda K K, Swain S, Satpati B, et al. Facile synthesis and the photocatalytic behavior of core-shell nanorods. RSC Adv., 2014, 4 (21): 10928-10934.

[9] Li G Q, Yang N, Wang W L, et al. Synthesis, photophysical and photocatalytic properties of N-doped sodium niobate sensitized by carbon nitride. J. Phys. Chem. C, 2009, 113 (33): 14829-14833.

[10] Li X B, Li G Q, Wu S J, et al. Preparation and photocatalytic properties of platelike $NaNbO_3$ based photocatalysts. J. Phys. Chem. Solids, 2014, 75: 491-494.

[11] Baeissa E S. Photocatalytic degradation of malachite green dye using Au/$NaNbO_3$ nanoparticles. J. Alloy. Compd., 2016, 672: 564-570.

[12] Liu Q Q, Chai Y Y, Zhang L, et al. Highly efficient Pt/$NaNbO_3$ nanowire photocatalyst: its morphology effect and application in water purification and H_2 production. Appl. Catal. B - Environ., 2017, 205: 505-513.

[13] Szilágyi I M, Fórizs B, Rosseler O, et al. WO_3 photocatalysts: influence of structure and composition. J. Catal., 2012, 294: 119-127.

[14] Abe R, Takami H, Murakami N, et al. Pristine simple oxides as visible light driven photocatalysts: highly efficient decomposition of organic compounds over platinum-loaded tungsten oxide. J. Am. Chem. Soc., 2008, 130 (25): 7780, 7781.

[15] Yu Q N, Zhang F, Li G Q, et al. Preparation and photocatalytic activity of triangular pyramid $NaNbO_3$. Appl. Catal. B - Environ., 2016, 199: 166-169.

[16] Kako T, Kikugawa N, Ye J. Photocatalytic activities of $AgSbO_3$ under visible light irradiation. Catal. Today, 2008, 131 (1): 197-202.

[17] Singh J, Uma S. Efficient photocatalytic degradation of organic compounds by ilmenite $AgSbO_3$ under visible and UV light irradiation. J. Phys. Chem. C, 2009, 113 (28): 12483-12488.

[18] Kronik L, Shapira Y. Surface photovoltage phenomena: theory, experiment, and applications. Surf. Sci. Rep., 1999, 37 (1): 1-206.

[19] Mccann J F, Khan A. The elctrochemical and photoelectrochemical characteristics of n-type sodium niobate. Electrochim. Acta, 1982, 27 (1): 89-94.

[20] Liu X S, Liu X Y, Li G Q, et al. Enhancement of photogenerated charges separation in

alpha-Fe_2O_3 modified by Zn_2SnO_4. J. Phys. D: Appl. Phys., 2009, 42: 245405.
[21] Mukherjee D, Hordagoda M, Hyde R, et al. Nanocolumnar interfaces and enhanced magnetic coercivity in preferentially oriented cobalt ferrite thin films grown using oblique-angle pulsed laser deposition. ACS Appl. Mater. Inter., 2013, 5 (15): 7450-7457.
[22] Wang X C, Maeda K, Thomas A, et al. A metal-free polymeric photocatalyst for hydrogen production from water under visible light. Nat. Mater., 2009, 8 (1): 76-80.
[23] Shi H, Chen G, Zhang C, et al. Polymeric g-C_3N_4 coupled with $NaNbO_3$ nanowires toward enhanced photocatalytic reduction of CO_2 into renewable fuel. ACS Catal., 2014, 4 (10): 3637-3643.
[24] Jehng J M, Wachs I E. Structural chemistry and Raman spectra of niobium oxides. ChemInform, 1991, 22 (15): 100-107.
[25] Montigaud H, Tanguy B, Demazeau G, et al. C_3N_4: dream or reality? Solvothermal synthesis as macroscopic samples of the C_3N_4 graphitic form. J. Mater. Sci., 2000, 35 (10): 2547-2552.
[26] Li C, Cao C B, Zhu H S. Graphitic carbon nitride thin films deposited by electrodeposition. Mater. Lett., 2004, 58 (12-13): 1903-1906.
[27] Beranek R, Neumann B, Sakthivel S, et al. Exploring the electronic structure of nitrogen-modified TiO_2 photocatalysts through photocurrent and surface photovoltage studies. Chem. Phys., 2007, 339 (1-3): 11-19.
[28] Jian Y, Chen M, Shi J, et al. Preparations and photocatalytic hydrogen evolution of N-doped TiO_2 from urea and titanium tetrachloride. Int. J. Hydrogen Energ., 2006, 31 (10): 1326-1331.
[29] Lu J, Zhang Q, Wang J, et al. Synthesis of N-doped ZnO by grinding and subsequent heating ZnO-urea mixture. Powder Technol., 2006, 162 (1): 33-37.
[30] Li X, Kikugawa N, Ye J. Nitrogen-doped lamellar niobic acid with visible light-responsive photocatalytic activity. Adv. Mater., 2010, 20 (20): 3816-3819.
[31] Zhang H, Chen X, Li Z, et al. Preparation of sensitized ZnS and its photocatalytic activity under visible light irradiation. J. Phys. D: Appl. Phys., 2007, 40 (21): 6846-6849.
[32] Li G Q, Kako T, Wang D F, et al. Synthesis and enhanced photocatalytic activity of $NaNbO_3$ prepared by hydrothermal and polymerized complex methods. J. Phys. Chem. Solids, 2008, 69 (10): 2487-2491.
[33] Colaux J L, Louette P, Terwagne G. XPS and NRA depth profiling of nitrogen and carbon simultaneously implanted into copper to synthesize C_3N_4 like compounds. Nucl. Instrum. Meth. B, 2009, 267 (8-9): 1299-1302.
[34] Foy D, Demazeau G, Florian P, et al. Modulation of the crystallinity of hydrogenated nitrogen-rich graphitic carbon nitrides. J. Solid State Chem., 2009, 182 (1): 165-171.
[35] Sato S. Photocatalytic activity of NO_x-doped TiO_2 in the visible light region. Chem. Phys. Lett., 1985, 123 (1-2): 126-128.
[36] Irie H, Yuka Watanabe A, Hashimoto K. Nitrogen-concentration dependence on photo-

catalytic activity of $TiO_{2-x}N_x$ powders. J. Phys. Chem. B，2003，107 (23)：5483-5486.
[37] Li G Q，Wang D F，Zou Z G，et al. Enhancement of visible-light photocatalytic activity of $Ag_{0.7}Na_{0.3}NbO_3$ modified by a platinum complex. J. Phys. Chem. C，2008，112 (51)：20329-20333.
[38] Shi H F，Li X K，Wang D F，et al. $NaNbO_3$ Nanostructures：facile synthesis，characterization，and their photocatalytic properties. Catal. Lett.，2009，132 (1-2)：205-212.
[39] Saito K，Kudo A. Niobium-complex-based syntheses of sodium niobate nanowires possessing superior photocatalytic properties. Inorgan. Chem.，2010，49 (5)：2017-2019.

补充：基本概念

1. Z 型光催化剂

Z 型反应系统由两个光催化剂以及两个催化剂之间的氧化还原介质组成，它已经应用于很多可见光照射下的光催化分解水反应[1,2]。“Z 型”这一术语，起源于它图示时的形状。起初用来描述植物中的两个叶绿素分子 P700 和 P680 光合成反应机理。如图 4.28 所示，还原部分的光催化剂将利用电子还原氧化剂（如 H^+ 还原成 H_2），空穴氧化介质；氧化部分的光催化剂将利用空穴氧化还原剂（如 H_2O 氧化成 O_2），电子还原介质。整体反应过程中，氧化和还原反应发生在两个光子激发过程中，介质不发生变化。如果是储能反应，与氧化和还原反应发生在单一光催化剂的情况相比较，最大能量转换效率将变为原来的一半。

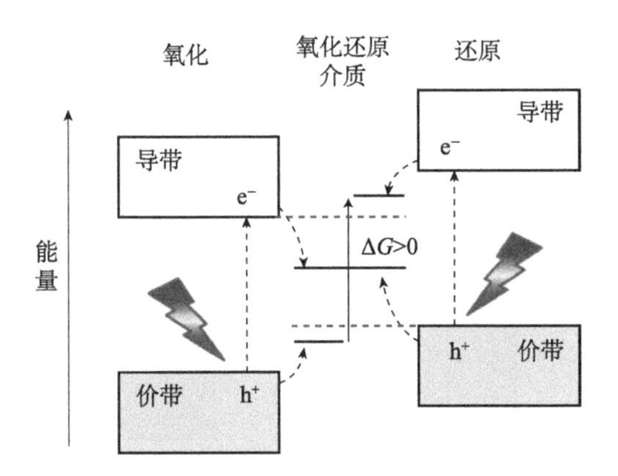

图 4.28　Z 型反应系统电子传输示意图

Z 型反应系统最大的优点是对于光催化剂的电子结构要求低。如果氧化还原介质的标准电极电位位于氧化催化剂的导带底和还原催化剂的价带顶之间，那么氧化催化剂只需要利用 h^+ 氧化目标物，不需要利用 e^- 还原目标物；还原催化剂只需要利用 e^- 还原目标物，不需要利用 h^+ 氧化目标物。这样吸收长波长光的窄带隙材料就可以用作光催化剂。

参考文献
[1] Sayama K，Mukasa K，Abe R，et al. Chem. Commun.，2001：2416.
[2] Ohtani B. J. Photochem. Photobiol. C：Photochem. Rev.，2010，11：157-178.

2. 结

在 19 世纪 80 年代光催化剂研究的初期，光催化剂的颗粒常常被认为是“短路的光电化学电池”[1]。在去除空气的条件下，担载 Pt 的 TiO_2 光催化剂被认为与普通光电化学测量一样，TiO_2 和 Pt 分别作为一个阳极和阴极，只是二者短路。假设 TiO_2 的光生电子通过 TiO_2 和 Pt 的结界面输运到 Pt 上面。考虑到在真空或者氢气氛围下经过高温制备的 TiO_2 n 型半导体的特性，它们之间是欧姆接触，不是肖特基接触，如图 4.29 所示。那么，在光催化反应中电子真的是从 TiO_2 转移到 Pt 上面，还原质子，然后释放氢气的吗？目前，我们没有技术直接观察电子通过这个结和检查释放的氢气中是否包含来自 TiO_2 的电子。有一个间接的证据：Nakabayashi 等将 Pt 担载的 TiO_2 悬浮在水和重水（D_2O）的混合体中，研究反应中释放氢气的同位素分布情况，结果与假设氢气是在 Pt 表面生成的计算结果一致[2]。考虑到光生电子在 TiO_2 中并不在 Pt 中的事实，电子确实从 TiO_2 转移到了 Pt 表面。相似地，通过多电子在 WO_3 的表面催化还原氧气，Pt 颗粒担载可能会增强其可见光光催化性能[3]。WO_3 的导带底比 O_2/O_2^- 的标准电势更正，因此，在热力学上 WO_3 中的单电子还原的氧气是不可能发生的反应。虽然没有直接的证据表明氧化物和 Pt 之间有结存在，增强的光催化活性能使人们意识到可能是 WO_3 中的电子转移到 Pt 上面，然后参与氧气还原成过氧化氢或者水的多电子过程。

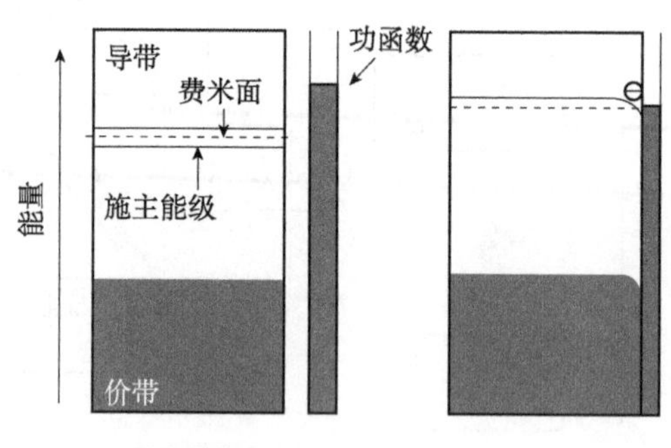

图 4.29　半导体和金属接触前后能带结构示意图

在 n 型半导体和电解液接触表面存在肖特基结。n 型半导体的费米能级比电解液的氧化还原电势更负，所以，电子会从 n 型半导体的施主能级注入电解液中，形成耗尽层，如图 4.30 所示。这就是 n 型半导体电极具有整流性质的原因。无论有无光照情况下，由于肖特基势垒的存在，电子不能从电解液注入 n

型半导体中，所以即使在阳极极化条件下阳极电流仍然很小，可以忽略，如图 4.31 所示；在阴极极化时，由于无肖特基势垒的存在，电子可以无障碍地从 n 型半导体注入电解液中，形成电流；在光照条件下，阳极极化时，空穴可以氧化电解液中的还原物质，光生电子形成阳极光电流。施主的浓度决定耗尽层的厚度（W）和德拜长度（L_D）。

$$W=\left[\frac{2\varepsilon\varepsilon_0(V-V_{fb})}{eN_d}\right]^{\frac{1}{2}} \tag{4.3}$$

$$L_D=\left[\frac{\varepsilon\varepsilon_0 kT}{2e^2N_d}\right]^{\frac{1}{2}} \tag{4.4}$$

V_{fb}是平带电势（flat band potential）。L_D 是等离子体中任意一个电荷的电场所能作用的最长距离。这个量是荷兰物理学家 P. 德拜在研究电解现象时首先提出的。等离子体中含有大量正负电荷。由于电荷的同性相斥和异性相吸规律，任意一个带电粒子总是被一些异性粒子包围，所以它的电场只能作用在一定的距离内，超过这个距离，基本上就被周围异性粒子的电场所屏蔽。这个距离即为 L_D，又称德拜屏蔽距离。等离子体中的两个带电粒子，只在彼此距离小于 L_D 时，才有相互作用。L_D 也是描述等离子体中电荷分离的空间尺度，在比 L_D 短的距离内，电荷分离的现象才是明显的。这里可以用 L_D 分析光生电子-空穴对的分离情况。对于没有引入晶体缺陷的 TiO_2 颗粒，施主的浓度很低，耗尽层的厚度比颗粒尺寸更大，导致 L_D 很长，电荷分离明显。

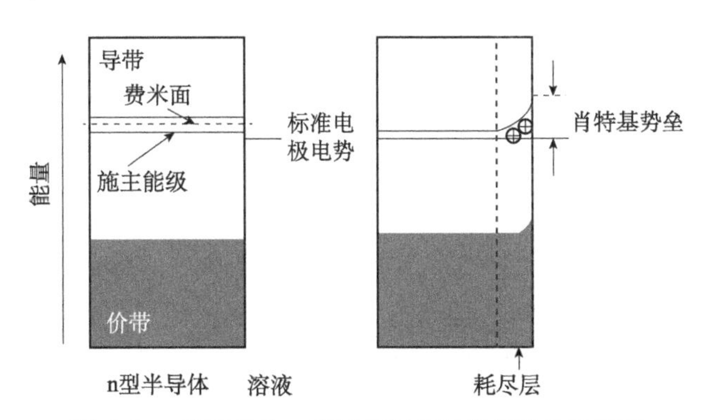

图 4.30 半导体和电解液接触前后能带结构示意图

结的概念被用来设计高效的光催化剂。P25 是一种含有金红石和锐钛矿两相混合的 TiO_2。在金红石和锐钛矿之间存在电子传输，主要是由于锐钛矿的导带底比金红石的导带底更正 0.2V，有利于界面电子传输，这种势垒抑制电子的反向传输。在金红石相上的电子参与还原反应，锐钛矿上的空穴参与氧化反应[4]。此外，在 Ga_2O_3的体系中也发现不同相之间具有这种结结构，如图 4.32 所示[5]。

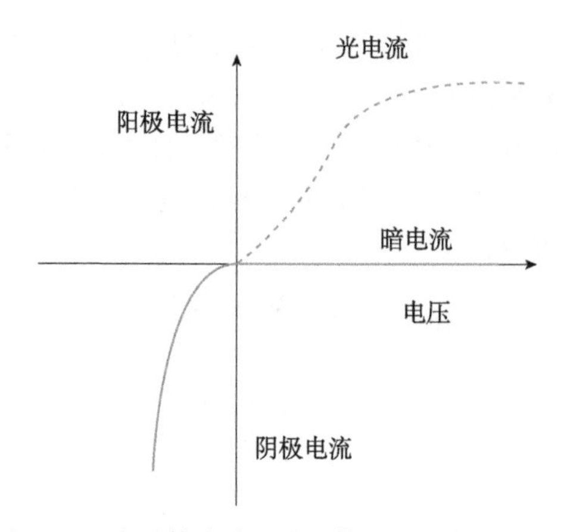

图 4.31　半导体在暗和光照情况下的典型 *I-V* 图

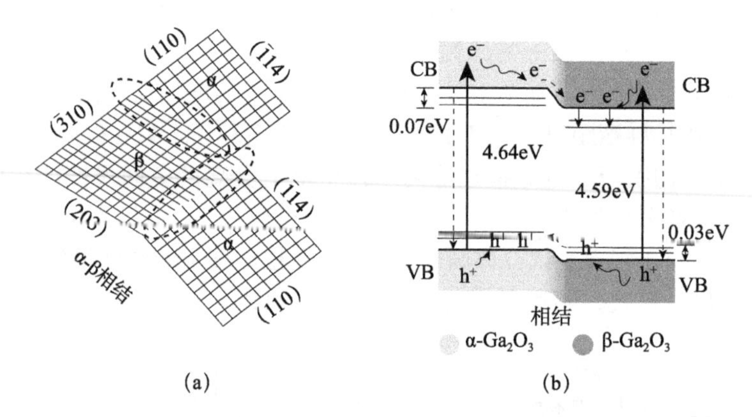

图 4.32　Ga_2O_3的体系中(a)α-β 相结结构和(b)电子转移示意图[5]

参考文献

[1] Bard A J. J. Phys. Chem.，1982，86：172.

[2] (a) Nakabayashi S，Fujishima A，Honda K. Chem. Phys. Lett.，1983，102：464；(b) Baba R，Nakabayashi S，Fujishima A，et al. J. Phys. Chem.，1985，89：1902.

[3] Abe R，Takami H，Murakami N，et al. J. Am. Chem. Soc.，2008，130：7780.

[4] Kawahara T，Konishi Y，Tada H，et al. Angew. Chem. Int.，2002，41 (15)：2811-2813.

[5] Wang X，Xu Q，Li M R，et al. Angew. Chem. Int.，2012，51：13089.

3. *羟基自由基*

在紫外线照射下，在 TiO_2 粒子的悬浮液中发现了羟基自由基[1,2]。不知道从什么时候开始，光催化领域的研究者开始相信有机物的氧化涉及由空穴和表面吸附的水或者氢氧根反应形成的羟基自由基。问题是一个特定反应的中间产物很难测定。一个可以接受的方式是：在反应过程中，产物的生产速率和中间

体的消失速率相同，这说明中间体确实存在。然而，对于羟基自由基还没有报告报道这种方式。多采用加入牺牲剂，或者单独检测羟基自由的基方法。

空穴通常定义为电子的一个缺陷（空穴是相对于电子而言的，而电子是一个真正的物质），因此，不仅固体材料中光致带间跃迁产生的 h^+ 是空穴，而且羟基阴离子失去一个电子的羟基自由基也是空穴。如果按照以上定义，“直接的空穴输运”和“表面吸附的羟基自由基反应”在光催化氧化机理方面应该是没有差别的，因为金属氧化物的表面覆盖着化学或物理吸附水，空穴通过这层水后进入到溶液中，可能是羟基自由基或其各种衍生物。我们还不知道准确的空穴在界面处的化学形式。

参考文献

[1] Jaeger C D，Bard A J. J. Phys. Chem.，1979，83：3146.
[2] Hirakawa T，Nosaka Y. Langmuir，2002，18：3247.

第5章　铌酸钠光催化氧化性能的各向异性

最近，暴露特定晶面光催化剂的光催化性能引起了研究人员的广泛兴趣。Mclaren等研究了ZnO的颗粒中光催化活性依赖于（001）面在所有晶面中的比例[1]。Pan等发现TiO_2的光催化活性也与其晶面有很大关系[2]。Xi等发现暴露{100}晶面的$BiVO_4$具有很好的降解RhB和光催化分解水产O_2的性能[3]。Bi等发现{110}暴露的Ag_3PO_4比{100}暴露的Ag_3PO_4具有更高的光催化活性[4]。这些研究表明不同晶面具有不同的光催化性能。

以往的研究中也发现具有多面体和线形形貌的$ANbO_3$（A＝Na，Ag）表现出增强的光催化性能[5,6]。然而，由于粉末样品自身特点的限制，只表征了宏观光催化性能上的差异，没有办法从材料本质属性方面对产生光催化性能差异的原因做出深入研究。光催化反应一般涉及以下过程：(1) 光吸收并激发产生电子-空穴对；(2) 光生载流子迁移到表面；(3) 与表面吸附物质发生氧化还原反应；(4) 表面复合。在以上反应中，(1)、(2) 主要是光物理过程，与材料的物理参数（如光吸收系数、载流子迁移率、介电常数等）有直接关系；(3)、(4) 主要是表面反应，受吸附物质和表面缺陷等影响。对于不同晶面的材料所表现出不同的光催化性能，材料的各向异性应该起着重要的作用。材料的各向异性即沿晶格的不同方向，原子排列的周期性和疏密程度不尽相同，由此导致晶体中不同方向的物理化学特性也不同，如输运性质、吸附性质等。所以，研究材料的各向异性对光催化性能的影响可以从材料本质属性方面去揭示制约光催化性能的关键因素。这些关键因素，可以为进一步设计相关多元金属氧化物高效光催化材料提供科学依据。

本章主要研究$NaNbO_3$的（100）、（110）、（111）三个低指数面的光催化活性，进而揭示其光催化性能的各向异性[7]。通过在不同气氛中处理$NaNbO_3$（111）晶面的光催化性能研究，揭示其光催化性能与反应条件之间的关系[8]。通过水热法在$LaAlO_3$（111）衬底上制备出三棱锥形貌的薄膜，通过牺牲剂添加法详细研究了其光催化降解机理[9]。

5.1　光催化氧化性能的晶面依赖性

化学合成法制备的样品最少也会包含两个不同的晶面族，晶面间的电子传

输会影响晶面的真实性能。为了制备单一晶面暴露的样品，采用单晶衬底诱导生长特定取向的单晶薄膜是一个不错的选择。物理法制备氧化物薄膜被广泛应用于各种研究当中，其中脉冲激光沉积技术以其特有的优势备受关注[10]。本节采用脉冲激光沉积法制备三个低米勒指数面的 $NaNbO_3$ 薄膜，并研究了其光物理性质和光催化性能。

5.1.1 样品制备

采用固相反应法制备靶材，其 XRD 结果显示具有正交对称性的赝钙钛矿结构，空间群为 Pbcm。Yamazoe 等在 $SrTiO_3$ 单晶衬底上采用脉冲激光沉积技术制备了 $NaNbO_3$ 的单晶薄膜[11]。$SrTiO_3$ 衬底具有很好的光电性能，不利于我们研究 $NaNbO_3$ 的光催化性能，主要是不能很好地区分最终的光催化性能的来源。Kim 等在 $LaAlO_3$（LAO）单晶衬底上制备了 $AgNbO_3$ 薄膜[12]。$NaNbO_3$ 与 $AgNbO_3$ 具有相同的晶体结构。LAO 几乎无光电性能，可以清楚地反映薄膜本身的光催化性能。所以，选择 LAO 作为衬底，衬底面积为 1cm×1cm。薄膜制备条件如表 5.1 所示。

表 5.1 $NaNbO_3$ 薄膜的制备条件

激光频率/Hz	5
靶间距/mm	50
激光能量/mJ	350
衬底温度/K	923
O_2 偏压/Pa	10

5.1.2 基本物性

样品的 X 射线衍射图谱，如图 5.1 所示，根据钙钛矿结构标记所有的衍射峰。钙钛矿结构的 $NaNbO_3$ 的晶格常数是 $a_p = 3.936Å$，$b_p = 3.893Å$ 和 $c_p = 3.880Å$。LAO 是 $a_p = 3.79Å$ [11,13]。对于（100）样品其晶格常数为 3.910Å。其略小于标准值，这是由于衬底的晶格失配造成的。在（110）样品中有（100）面的衍射峰，目前还不清楚其形成机理，但是在 $SrTiO_3$ 衬底上也发现相似的结果[14]。此外，还发现了极其少量 Nb_2O_5 杂质。但是，总体上讲，样品依然主要是（100）、（110）和（111）取向的 $NaNbO_3$ 薄膜。

样品的表面形貌如图 5.2 所示。$NaNbO_3$（100）具有较光滑的表面。$NaNbO_3$（100）、（110）和（111）表面粗糙度分别是 8nm、17nm 和 15nm。这与光催化性能的顺序不一致，说明表面粗糙度不是造成光催化性能差异的主要原因。

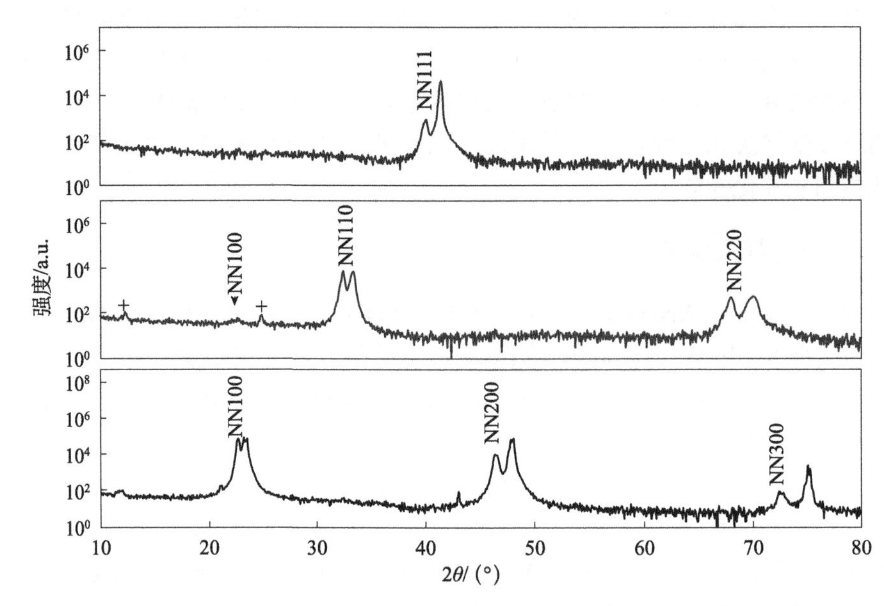

图 5.1　样品的X射线衍射图谱

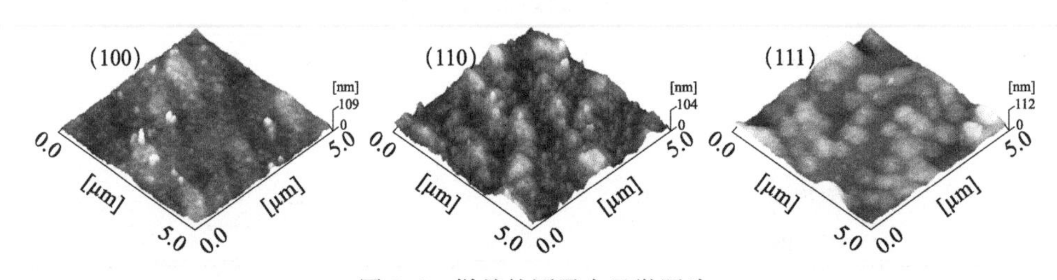

图 5.2　样品的原子力显微照片

5.1.3　光催化性能

将 $1cm^2$ 的样品放入盛有浓度为 $2.5mg \cdot L^{-1}$ RhB溶液（1mL）的石英反应器（其光程为3mm）中，用Ar吹扫30min，密封。光照前，暗反应30min，然后打开300W的Xe灯照射样品，每10min用紫外可见分光光度计测试RhB的吸光度。采用一级动力学计算反应速率常数。

在300W Xe灯全光谱照射，降解RhB结果如图5.3所示。通常情况下，主要的氧化物种为·OH和 $O_2^{\cdot -}$ [15,16]。$O_2^{\cdot -}$ 主要来自光生电子与吸附的 O_2 反应。在空气和Ar环境下降解RhB，用来确认溶解的 O_2 对RhB降解的影响，结果如图5.3（a）所示。C 表示即时RhB浓度，C_0 表示起始时刻的RhB浓度，则 C/C_0 用来表征剩余RhB的量。RhB的吸光度会随光照时间延长而逐渐降低，其吸收光谱图如图5.3（b）所示。显然，在Ar环境下其降解效果较差，这说明溶解

O_2会对 RhB 降解有积极贡献。为了减少光生电子的影响，本节所有 RhB 降解实验均在 Ar 环境下完成。此外，由于没有很强的吸附，不考虑 RhB 敏化自降解。

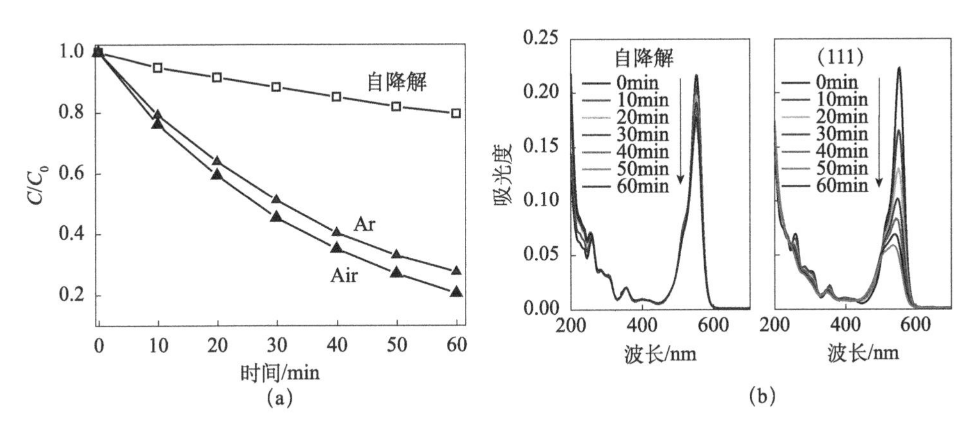

图 5.3 在 Ar 和空气环境中，RhB 浓度随光照时间变化关系(a) 和 RhB 吸收光谱变化情况(b)，样品为(111)

图 5.4 (a) 是 C/C_0随光照时间变化图线。光照 1h 后，(100)、(110) 和 (111) 样品降解 RhB 所得 C/C_0分别是 0.48、0.38 和 0.28。这些值远小于自降解所得数值 0.80。以上结果说明，$NaNbO_3$具有光催化氧化性能，并且具有明显的晶面依赖性。我们采用荧光法测量了在 (100)、(110) 和 (111) 样品中产生的·OH 的量，结果如图 5.4 (b) 所示。荧光强度按照 (100) ＜ (110) ＜ (111) 依次增强，这说明产生的·OH 依次增多。这结果与光催化降解 RhB 性能是一致的。这说明在 Ar 饱和的环境下，RhB 的降解主要来自空穴反应生成的羟基自由基。

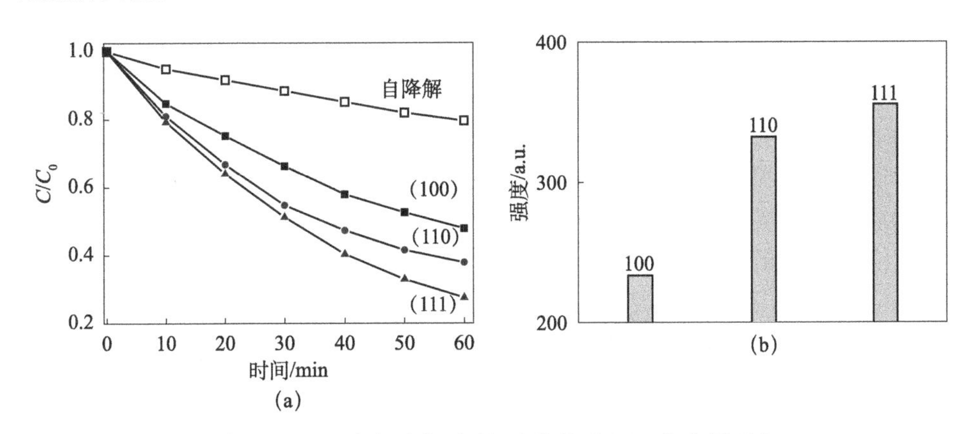

图 5.4 RhB 浓度随光照时间变化关系(a)，各个晶面中由羟基自由基引起的荧光强度(b)

5.1.4 光催化机理探讨

光催化性能受物理参数影响，如带隙。Pan 等发现暴露{101}、{001}和{010}的锐钛矿 TiO_2粉末具有不同的带隙[2]。我们也分析了带隙变化情况。带隙变化如下：(100)=(110)>(111)。这个带隙变化关系不能解释光催化性能差异以及产生·OH 的情况。

$NaNbO_3$ 光催化氧化性能表现出显著的晶面依赖性，这说明各个晶面的特殊性能对光催化性能有重要影响。Yamazoe 等研究 $NaNbO_3$ 单晶薄膜时发现 $NaNbO_3$的矫顽力场强的变化顺序（100）>(110)>(111)[11]。矫顽力场强表征其铁电畴在电场作用下翻转所需场强。矫顽力场强大说明铁电畴翻转不容易。我们将降解率（$1-C/C_0$）与矫顽力场强（E_r）作图，如图 5.5 所示，发现降解率随场强增大而减小。

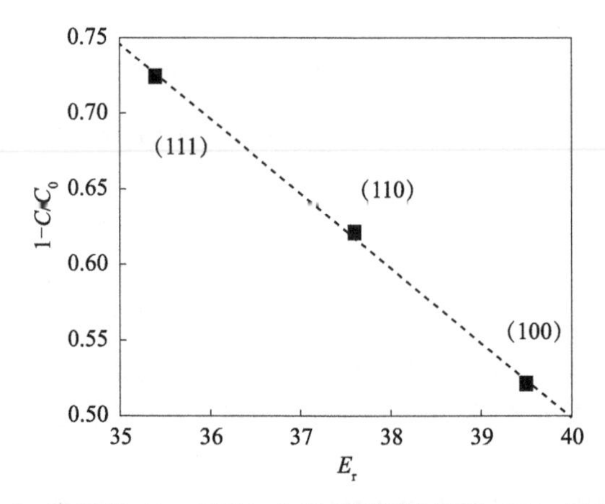

图 5.5 降解率（$1-C/C_0$）与样品矫顽力场强（E_r）的关系图

这个结果可以有如下解释：当光照射在 $NaNbO_3$上时，电子-空穴对分离，在单个畴内形成内建电场，场强增大后，使铁电畴翻转，形成更有利于电子-空穴对分离的体相内建电场。此外，由于简单钙钛矿结构的铁电极化方向是〈110〉，所以，$NaNbO_3$(100) 中的电子沿着（100）面传输，而 $NaNbO_3$(110) 沿着垂直于（110）面传输。这就是 $NaNbO_3$(110) 比 $NaNbO_3$(100) 光催化性能更好的原因。对于 $NaNbO_3$(111) 样品，由于更多电子空穴被激发，从而影响铁电畴结构。其较小的矫顽力场强有利于其铁电畴翻转，其变化中伴随的放电现象将有助于光催化反应[17,18]。通过控制制备方法和调控铁电畴的内建电场可以制备出高效的 $NaNbO_3$ 基光催化材料[19,20]。

5.2 后处理铌酸钠（111）的光催化氧化性能

以脉冲激光沉积法在 $LaAlO_3$(111）单晶衬底上制备的 $NaNbO_3$(111）单晶薄膜为研究对象，在不同气氛下做加热处理后，分析其薄膜的物理性质和光催化降解有机污染物性能的变化，从而判断后处理对于光催化氧化性能的影响。此外还关注了反应条件对其光催化性能的影响。

5.2.1 材料制备

$NaNbO_3$（111）单晶薄膜制备方法详见5.1节。后处理过程步骤如下：将样品放入管式炉中，控制处理气氛为空气和氩氢混合气（氢气含量为7%），在900℃加热4h。为方便起见，未处理的样品记作A，在氩氢混合气下处理的样品记作B(H_2)，在空气中处理的样品记作C(air)。

5.2.2 基本物性

从XRD图（图5.6（a））可以看出，未经处理的 $NaNbO_3$ 样品无杂相。经过氢气处理的样品B(H_2）中有少量的 $Na_2Nb_4O_{11}$ 杂质衍射峰。对 $AgNbO_3$ 高温处理的研究结果表明在高温条件下可以分解为 Ag_2O 和 $Ag_2Nb_4O_{11}$[21]，由于 $AgNbO_3$ 与 $NaNbO_3$ 的结构极为相似，因此，我们推断在高温处理过程中 $NaNbO_3$ 受热分解为 Na_2O 和 $Na_2Nb_4O_{11}$，Na_2O 挥发。空气中处理的样品C(air)中有 $NaNbO_3$(100)和(200)晶面衍射峰，这表明样品经过处理后表现出了多晶特性。另外，C(air)样品的XRD图中出现了一些未知的衍射峰。根据Molak等的报道，$NaNbO_3$ 单晶样品在氧化环境下处理之后会在表层形成NaO包覆层[22]。在氧气中处理的样品同样也可发现相应的衍射峰。因此，我们认为这些未知的衍射峰是NaO包覆层的衍射峰。对比这两种气氛下处理的样品，我们很容易发现，空气属于氧化气氛，在该条件下处理更有利于NaO包覆层的形成，而氢气则是还原气氛，对NaO包覆层的形成存在抑制作用，更容易形成 $Na_2Nb_4O_{11}$ 杂质。

图5.6（b）是三个样品的紫外-可见透射光谱。A样品的透射图谱出现明显的干涉图样，这是由于 $NaNbO_3$ 薄膜充当Fabry-Perot干涉仪的结果，由此可以推断薄膜样品的厚度均匀，且表面光滑。样品经过处理后，其干涉图样消失了，由此可知处理后的样品表面变得粗糙。经过处理后的样品对光的透射率减小了，这可能是由于样品经过处理后颗粒尺寸的变大后光散射强度增大引起的。从后续原子力显微镜（AFM）图像中可以看出颗粒尺寸的改变。

样品的表面组成由X射线光电子能谱来表征，样品的O 1s谱线结果，如

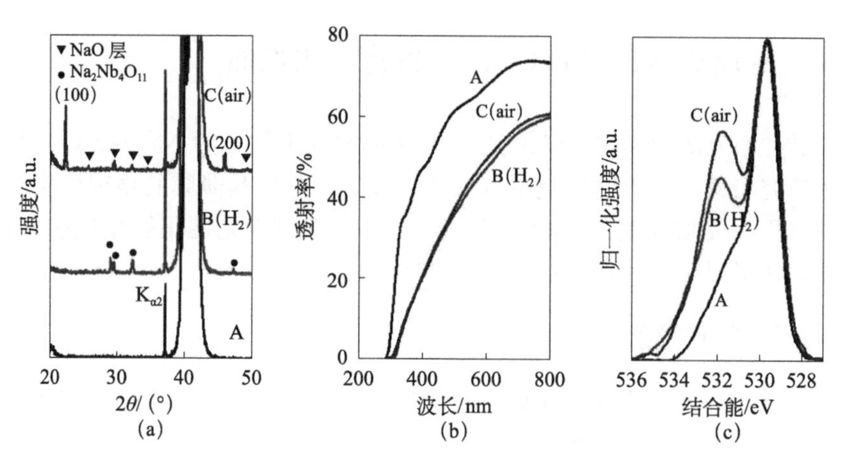

图 5.6 不同气氛下处理的 $NaNbO_3$(111)单晶薄膜的 XRD 图(a)，紫外-可见透射光谱(b)和 O 1s 能级的 XPS 谱线(c)

图 5.6 (c) 所示。在该谱线中，结合能位于 529.7eV 处的峰代表样品中的晶格氧。经过处理后的样品在结合能为 531.6eV 处也出现了峰，这个峰是经过氢气和空气的处理时样品吸附了更多的 OH^- 所造成的。

图 5.7 是不同气氛下处理的 $NaNbO_3$(111)单晶薄膜的二维和三维原子力显微镜（AFM）照片。从图中可以看出，未经处理的 $NaNbO_3$ 样品表面比较光滑，并有少量沟壑存在，其平均表面粗糙度为 3.8nm。对于处理过的样品，表面明显变得粗糙，B(H_2)样品表面平均粗糙度为 15nm，C(air)样品表面粗糙度为 18nm。这一结论与样品的紫外可见透射光谱相一致。从图中还可以看出，样品经过处理后颗粒尺寸明显增大，且 B(H_2)样品比 C(air)更大。

5.2.3 光催化性能

样品的光催化性能通过降解有机污染物 RhB 来评价。实验中通过 N_2 吹扫和饱和来控制反应体系中的溶解 O_2，其实验方法同 5.1 节。三个样品的两种不同降解条件的结果如图 5.8 所示。从图中可以看出，不管是否有 N_2 吹扫和饱和，RhB 溶液的浓度都随着光照时间的延长逐渐降低；未经 N_2 饱和条件下的降解率大于 N_2 饱和条件下的降解率；在未经 N_2 饱和情况下，三个样品的降解速率的顺序与 N_2 饱和情况下的顺序相反。

根据一级反应动力学，计算光催化降解的速率常数，并以此对不同样品的光催化性能做定量分析。当反应体系经过 N_2 吹扫和饱和后，A、C(air)和B(H_2)样品的降解效率依次增大，其速率常数分别为 $3.9\times10^{-3}min^{-1}$、$4.8\times10^{-3}min^{-1}$ 和 $7.0\times10^{-3}min^{-1}$。然而，当反应体系未经过 N_2 吹扫和饱和后，各个样品的速率均有明显增加；降解效率按照 A、C(air)和 B(H_2)样品的依次减小，它

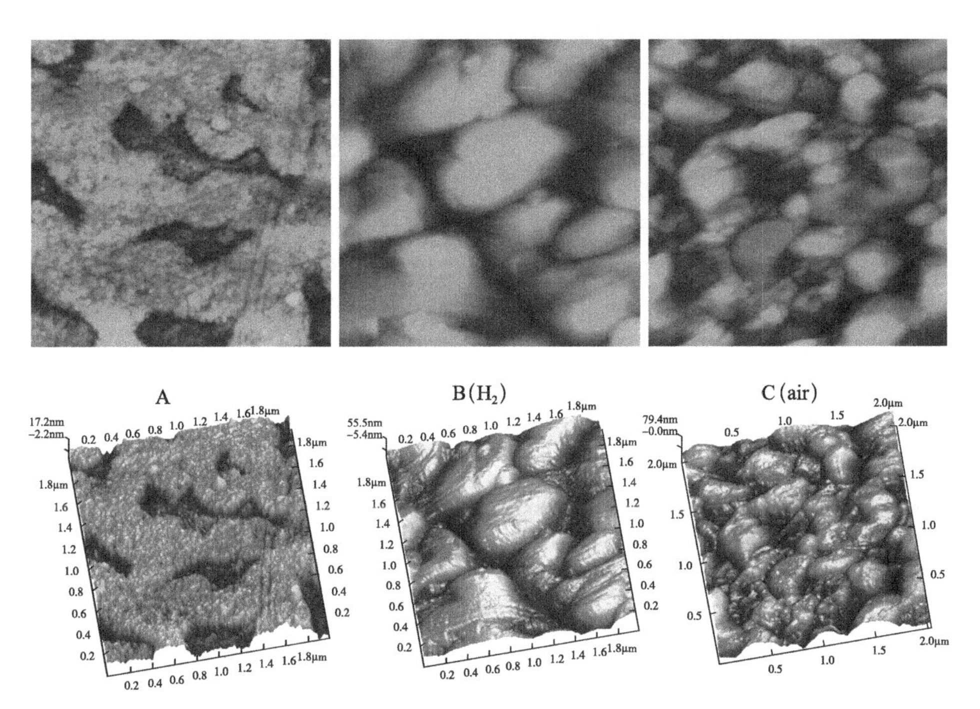

图 5.7　不同气氛下处理的 $NaNbO_3$(111)单晶薄膜 AFM 图

上边为二维图，下边为对应的三维图

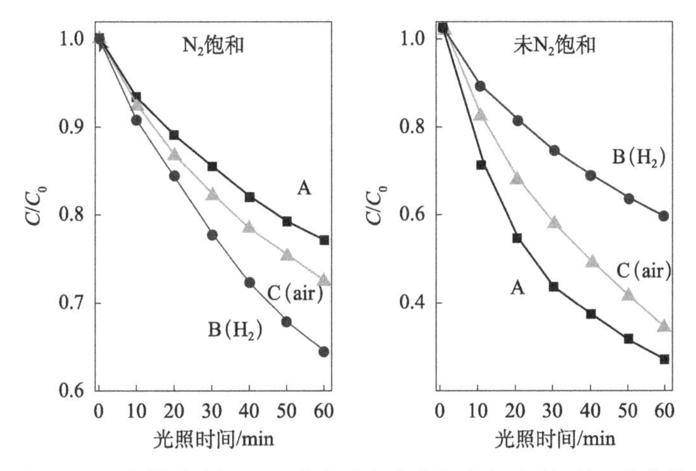

图 5.8　三个样品降解 RhB 溶液时溶液浓度随光照时间的变化曲线

们的速率常数分别是 $2.3\times10^{-2}\,min^{-1}$、$1.4\times10^{-2}\,min^{-1}$和 $6.6\times10^{-3}\,min^{-1}$。在两种不同的条件下降解，其光催化性能的变化趋势并不一致。经 N_2 吹扫和饱和的反应体系中，B(H_2)样品的活性最高，而 A 样品活性最低，该现象表明，后处理对于样品的光催化氧化性能有促进作用。而在未经过 N_2 吹扫和饱和的反应体系中，这三种样品的光催化氧化性能表现出了完全相反的顺序。其中 A 和 C(air) 在经过 N_2 吹扫后的光催化活性要比未经 N_2 吹扫前明显降低，而 B(H_2) 却基本没有变化。上述结果表明，在不同气氛下处理的样品对于其光催化氧化性能的影响方式是根据光催化反应体系中是否有 N_2 吹扫而发生改变的，这说明光催化氧化性能与反应体系中是否有溶解氧具有密切关系。

当反应体系被 N_2 吹扫后，溶解在溶液中的 O_2 基本会溢出，这意味着在整个体系中，电子与吸附氧之间并没有发生反应，也就是说，此时的光催化降解最起始的动力源泉为光生空穴。光生空穴与吸附在材料表面的 OH^- 发生反应，形成 ·OH，该基团具有强氧化性，可将溶液中 RhB 分子进行氧化或直接将其分解[15,23]。如果光催化降解的作用效果来源于空穴，那么在理论上降解的速率常数会随着 ·OH 基团的产量增加而变大。·OH 基团可以根据 Ishibashi 等报道的荧光方法来测试[24]。其反应原理详见 3.3 节，三个样品反应后溶液的荧光光谱如图 5.9（a）所示。其荧光强度按照 A、C(air) 和 B(H_2) 依次增大，这表明 ·OH基团的浓度依次增大。

为得到速率常数的变化趋势，将三个样品在 N_2 饱和、未 N_2 饱和两种不同的反应体系中降解速率常数与溶液在 426nm 处的荧光强度的关系以曲线图的形式画出，如图 5.9（b）所示。从图中可以看出，经 N_2 吹扫和饱和后样品的速率常数随溶液在 426nm 处的荧光强度成正比关系，这说明在经过 N_2 吹扫和饱和后，系统的光催化反应机理主要来源于光生空穴的作用，这一实验现象与之前的理论推断一致。然而，未经 N_2 吹扫过的情况下，样品的速率常数随溶液在 426nm 处的荧光强度逐渐减小。在该反应体系中，光生电子和空穴均发生了光催化氧化反应。在不同的反应体系中，其速率常数表现出如此大的差别，这说明在未经 N_2 吹扫和饱和的反应体系中，光生电子在光催化反应中起到了重要的作用。采用荧光法测得的荧光强度主要来自与空穴反应生成的 ·OH 基团，这主要是在测试体系中有大量的 OH^-，即体系为碱性体系，阻断了 $O_2^{\cdot-}$ 转换成 ·OH 基团的路径[15]。

半导体光催化材料在不同的气氛下经过热处理会发生变化，不论是晶体结构，还是表面形貌，或者是光催化性能都发生了相应的改变。$NaNbO_3$ 单晶薄膜材料在经过不同的气氛下加热处理后样品表面部分 $NaNbO_3$ 材料被分解，且相应的颗粒尺寸也有所变大。光催化降解反应过程中，催化氧化性能不仅仅与材料产生的光生空穴有关，还与溶液中的溶解氧有密切关系。在不同的反应条件下进行光催化性能测试，其结果会有所不同。

5.3 三棱锥铌酸钠的制备和光催化性能

采用脉冲激光沉积技术制备 $NaNbO_3$ 单晶薄膜，发现 $NaNbO_3$（111）具有

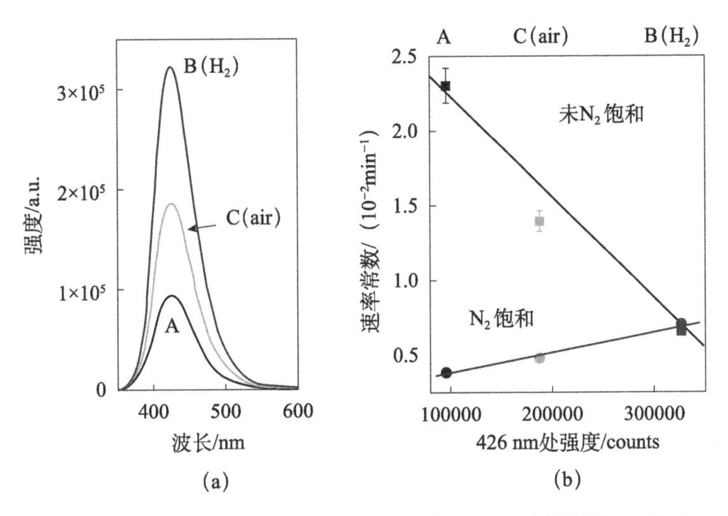

图 5.9　三个样品反应后溶液的荧光光谱(a)；三个样品在 N_2饱和、未 N_2饱和两种不同的反应体系中降解速率常数与溶液在 426nm 处的荧光强度的关系，误差为 5%(b)

最高光催化氧化性能。本节主要阐述采用水热法在 $LaAlO_3$(111) 单晶衬底上制备 $NaNbO_3$薄膜的生长过程，以及其光催化降解有机污染物的降解机理。

5.3.1　样品制备

通过水热法合成 $NaNbO_3$薄膜，具体制备方法如下：将 50mL 8mol·L^{-1}的 NaOH 溶液和 2g 的 Nb_2O_5粉末加入到 100mL 的特氟龙内胆中，将$LaAlO_3$(111) 单晶衬底水平放在内胆中的支架上，浸没在分散液当中，将内胆放入不锈钢反应釜中，密封。水热反应在干燥箱中进行，温度为 180℃，持续 3h。自然冷却到室温之后，即可获得样品。用去离子水和无水乙醇冲洗样品，去除上面没有反应的前驱物和多余的 $NaNbO_3$粉末。

5.3.2　基本物性

图 5.10 是所得样品的基本物性图，为了对比，我们还将脉冲激光沉积 (PLD) 制备 $NaNbO_3$(111)单晶薄膜作为衬底，也采用水热法合成制备$NaNbO_3$薄膜。以后的讨论中，将在 $LaAlO_3$(111)和 PLD 制备 $NaNbO_3$(111)的样品分别记为 A 和 B。样品 A 的 XRD 中存在分裂的双峰$(100)_c$和$(200)_c$峰，表明样品 A 中的 $NaNbO_3$是多晶结构，具有正交对称性(JCPDS33-1270)。当 $LaAlO_3$作为衬底，通过 PLD 来制备 $NaNbO_3$时，获得的是单峰的 $NaNbO_3$[7]。在样品 B 中，观测到邻近的 $NaNbO_3$的衍射峰，表明 $NaNbO_3$更倾向于沿着和衬底一样的$(111)_c$方向生长。表面形貌如图 5.10 (b) 和 (c) 所示。在样品 A 中观察到一

些三棱锥形貌的 $NaNbO_3$，而在样品 B 中，都是立方体的形状。除此之外，元素分析表明三棱锥是 $NaNbO_3$，而空白处是 $LaAlO_3$ 衬底。我们在 AFM 图和 SEM 的截面图中也能很清晰地看到典型的三棱锥形貌，如图 5.10（e）和图 5.11（e）所示。通常，用水热法合成 $NaNbO_3$，在不加入其他无机或者有机组分的时候，会表现出纳米线或者立方体的形貌[25]。曾经有研究表明，采用 PLD 在 $SrTiO_3$(111)单晶衬底上生长 $NaNbO_3$ 时，可以获得三棱锥形貌。但 $LaAlO_3$(111)作为衬底时，目前还没有相关的报道[7,26]。

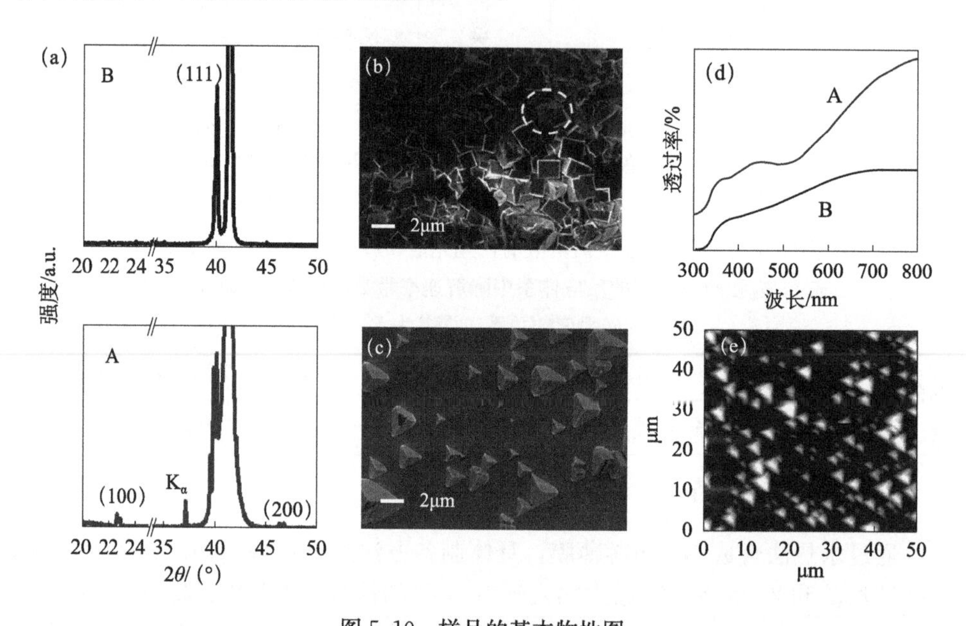

图 5.10 样品的基本物性图

(a) XRD 图案；(b)，(c) 样品 B 和 A 的 SEM 图；(d) 紫外 可见光透射光谱；(e) 样品 A 的 AFM 图。(b) 图中的虚线圈标出了特殊形貌

形貌的形成与其晶体结构具有密切关系。所有的样品都沿着平行于衬底的晶面进行生长，并且终止于最小自由能的{100}面。当样品处在自由生长的条件下，{100}面会是最容易作为终止面的表面。基于样品中 $NaNbO_3$ 的不同形貌，同时考虑到 $NaNbO_3$ 是赝钙钛矿结构，$NaNbO_3$ 在 $LaAlO_3$(111)衬底表面的生长过程，如图 5.11 (a)～(d) 所示。除此之外，我们也将 $LaAlO_3$(111)衬底加热到 1050℃持续 8h，发现相似形貌的纳米尺度的三棱锥，如图 5.11（f）所示。因此，我们认为 $LaAlO_3$(111)衬底引发成核过程。简单地说，在水热的条件下，浸没在热水中的原材料会吸附在衬底的表面，开始成核；然后形成小的三棱锥，其终端为相互垂直的三个直角三角形，出现在平的 $LaAlO_3$(111)衬底上。随后三棱锥的某一角可能会被截断，进一步生长时会在三棱锥的侧面出现明显的位错线。我们观察到两个截断的三棱锥在相遇时自己连接在一起。截断的三棱锥

最终会形成一个截去一角的立方体。或者说，当重心在底部一侧时，一个截断角的立方体处于稳定的状态。

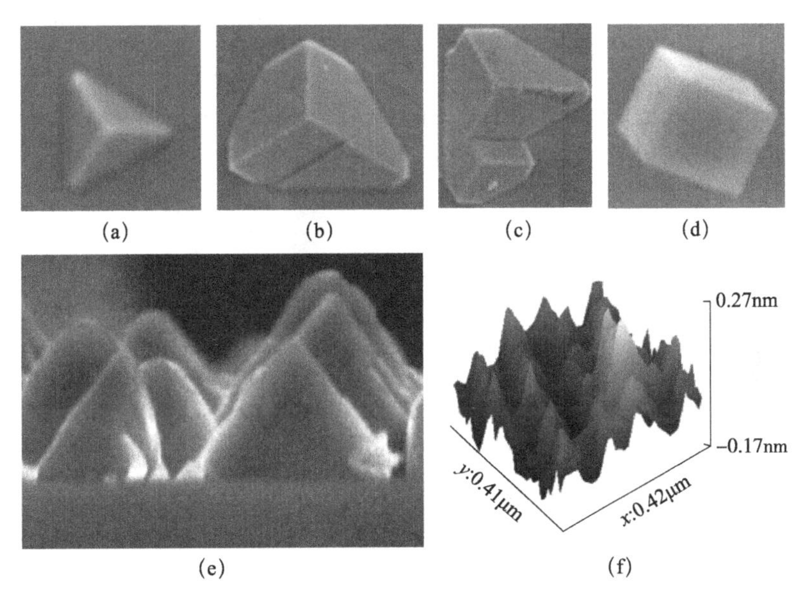

图 5.11 (a)～(d)不同生长阶段的SEM图；(e)样品A横截面的SEM图；(f)热处理后的$LaAlO_3$(111)衬底的AFM的三维图像

基于上面的晶体生长机制，作者认为形貌上的区别来自于生长速率。因为较好的晶格匹配，样品在同质衬底上的生长速率要高于在异质衬底上。在结晶的初始阶段，$NaNbO_3$会在$LaAlO_3$的纳米三棱锥上外延生长。三棱锥会出现在衬底上，如图5.10（c）所示。我们也发现更大的三棱锥出现在样品B的立方体下面，如图5.10（b）中的虚线圈所示，这表明样品的形貌可能一开始是三棱锥。立方体在大三棱锥的{100}面生长。此外，另一个间接的证据是，当我们用$LaAlO_3$(100)作为衬底时，在同样的条件下也观察到立方体。

样品A（三棱锥）展现出比样品B（立方体）更高的光催化氧化性能。根据一级反应动力学，利用$-\ln(C/C_0)$ vs. 时间的图可以计算反应速率常数，如图5.12（a)和（b）所示。2,4二氯酚（DCP）是一种无色有机污染物，在光催化性能测试时没有自敏化降解活性。DCP降解中样品A和B的速率常数分别是$1.84\times10^{-3}min^{-1}$和$1.34\times10^{-3}min^{-1}$，大概是光分解速率的两倍，表明两种样品都具有光催化氧化性能。降解RhB的光催化性能，样品A的速率常数几乎是样品B的两倍，它们分别是$5.53\times10^{-3}min^{-1}$和$2.87\times10^{-3}min^{-1}$。光催化性能会受到很多因素的影响，如催化剂数量、吸收特性、形貌等。对于我们的样品，通过样品SEM横截图像的判断，样品B比样品A含有更多的$NaNbO_3$。对于吸收特性，两个样品具有同样的吸收边缘，如图 5.10（d）所示，样品中并没有任何掺杂物质。因此，吸收不同不是产生巨大性能差异的主要因素。两个样品具有非常不同的形貌，因此我们认为不同的形貌是引起不同光催化性能的主要原因。对于样品中角和棱的作用尚需要仔细研究。

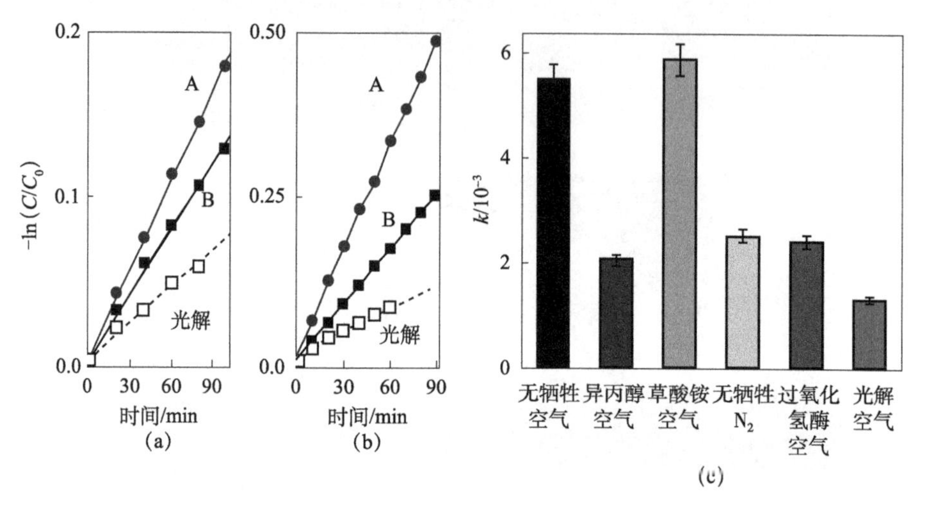

图 5.12　样品 A 和 B 作用下 $-\ln(C/C_0)$ 随光照时间变化的曲线

(a)DCP 降解；(b)RhB 降解；(c)不同捕获剂存在时样品 A 作用下的速率常数。实验条件：异丙醇(iPrOH)：体积分数 10%；草酸铵(AO)：8.3g・L^{-1}；过氧化氢酶(CAT)：0.5g・L^{-1}

根据光催化的基本原理，电子-空穴对的产生是光催化氧化过程的第一步。随后，一系列的活性氧化物种，如・OH，H_2O_2 和 $O_2^{\cdot -}$，会在反应中形成并且直接影响到光催化性能。为了阐明光催化氧化过程，开展了几种不同种类牺牲剂的控制实验。样品 A 中不同的牺牲剂对 RhB 降解的速率常数 k 的影响如图 5.12 (c)所示[27,28]。k 减少越多，说明这种氧化物种在反应当中越重要。当 h^+ 的牺牲剂，草酸铵（AO）加入反应溶液时，RhB 的降解速率常数 k 没有被抑制。其数值甚至有轻微的上升，从 $5.5\times10^{-3}\,min^{-1}$ 上升到 $5.9\times10^{-3}\,min^{-1}$，这表明 h^+ 不是主要的反应物种。相反，当・OH 牺牲剂异丙醇（iPrOH）加入反应体系时，k 明显降低到 $2.1\times10^{-3}\,min^{-1}$，几乎和自降解的速率一样，说明・OH是主要的反应物种。H_2O_2 在反应中的贡献由过氧化氢酶（CAT）表征。相应的速率常数 k 是 $2.4\times10^{-3}\,min^{-1}$，表明 H_2O_2 也是光催化氧化反应中重要的反应物种。超氧自由基 $O_2^{\cdot -}$ 的产生是光生电子与直接吸附在催化剂表面的 O_2 直接反应生成。如图 5.12（c）所示，k 减少到了 $2.5\times10^{-3}\,min^{-1}$，低于缺氧的溶液（$N_2$ 饱和的溶液），表明 O_2 首先作为了有效的电子陷阱，产生 $O_2^{\cdot -}$，并且有效地阻止了电子与空穴的复合。

在一系列自由基捕获剂作用的基础上，样品 A 中可能的降解机制如图 5.13

所示。光催化过程可以用下面的式子描述：

$$NaNbO_3 + h\nu \longrightarrow NaNbO_3(e_{CB}^- + h_{VB}^+) \quad (5.1)$$

$$e_{CB}^- + O_2 \longrightarrow O_2^{\cdot -} \quad (5.2)$$

$$O_2^{\cdot -} + H^+ \longrightarrow HO_2^{\cdot} \quad (5.3)$$

$$HO_2^{\cdot} + O_2^{\cdot -} + H^+ \longrightarrow O_2 + H_2O_2 \quad (5.4)$$

$$H_2O_2 + e_{CB}^- \longrightarrow OH^- + HO^{\cdot} \quad (5.5)$$

$$HO^{\cdot} + RhB \longrightarrow \text{产物} \quad (5.6)$$

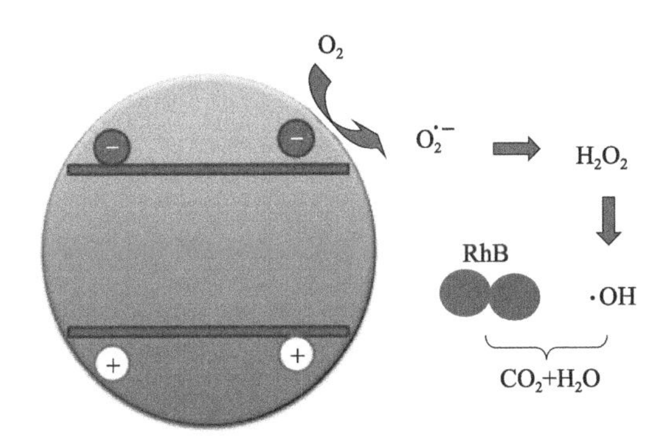

图 5.13　样品 A 在弧光 Xe 灯照射下可能的反应机制原理图

当 $NaNbO_3$ 被大于其带隙的光激发后，光生电子-空穴对会在其导带和价带产生。在这之后，电子快速地和吸附在薄膜表面的 O_2 反应，生成 $O_2^{\cdot -}$，实现有效的电荷分离并进一步转化成其他的反应物种，如 H_2O_2。H_2O_2 直接氧化降解的反应速率很慢，可以忽略不计，因此 H_2O_2 的角色是分解产生 ·OH 自由基。任何中间过程被抑制，例如缺少 O_2 或者 H_2O_2 和 ·OH 自由基被捕获，都会引起光催化性能的降低。从控制实验的结果来看，对许多有毒有机污染物都有良好氧化作用的物种 h^+，在样品 A 中几乎对降解过程没有贡献。当 AO 加入时 k 值略有增加可能是因为 AO 的存在引起了 h^+ 的减少，从而使载流子复合有所降低。

综上，由于生长速率不同，我们分别在异质和同质界面上获得了具有三棱锥和立方体形貌的 $NaNbO_3$。样品具有光催化氧化 DCP 和 RhB 的能力。在有溶解氧存在的情况下，以 H_2O_2 作为中间媒介，来自于 $O_2^{\cdot -}$ 的 ·OH 自由基是主要的氧化物种。以上研究表明，$NaNbO_3$ 的光催化降解性能与其制备方法有重要关系。

参考文献

[1] Mclaren A，Valdessolis T，Li G，et al. Shape and size effects of ZnO nanocrystals on photocatalytic activity. J. Am. Chem. Soc.，2009，131 (35)：12540，12541.

[2] Pan J，Liu G，Lu G Q，et al. On the true photoreactivity order of {001}，{010}，and {101} facets of anatase TiO_2 crystals. Angew. Chem. Int. Ed.，2011，50 (9)：2133-2137.
[3] Xi G C，Ye J H. Synthesis of bismuth vanadate nanoplates with exposed {001} facets and enhanced visible-light photocatalytic properties. Chem. Comm.，2010，46 (11)：1893-1895.
[4] Bi Y，Ouyang S，Umezawa N，et al. Facet effect of single-crystalline Ag_3PO_4 sub-micro-crystals on photocatalytic properties. J. Am. Chem. Soc.，2011，133 (17)：6490-6492.
[5] Li G Q，Yan S C，Wang Z Q，et al. Synthesis and visible light photocatalytic property of polyhedron-shaped $AgNbO_3$. Dalton T.，2009 (40)：8519-8524.
[6] Shi H F，Li X K，Wang D F，et al. $NaNbO_3$ nanostructures：facile synthesis，characterization，and their photocatalytic properties. Catal. Lett.，2009，132 (1-2)：205-212.
[7] Li G Q，Yi Z G，Bai Y，et al. Anisotropy in photocatalytic oxidization activity of $NaNbO_3$ photocatalyst. Dalton T.，2012，41 (34)：10194-10198.
[8] Zhang F，Wu Z，Sun B，et al. Effect of post-treatment on photocatalytic oxidation activity of (111) oriented $NaNbO_3$ film. APL Mater.，2015，3 (10)：104501.
[9] Yu Q，Zhang F，Li G，et al. Preparation and photocatalytic activity of triangular pyramid $NaNbO_3$. Appl. Catal. B-Environ.，2016，199：166-169.
[10] Chambers S A. Epitaxial growth and properties of doped transition metal and complex oxide films. Adv. Mater.，2010，22 (2)：219-248.
[11] Yamazoe S，Sakurai H，Fukada M，et al. The effect of $SrTiO_3$ substrate orientation on the surface morphology and ferroelectric properties of pulsed laser deposited $NaNbO_3$ films. Appl. Phys. Lett.，2009，95 (95)：062906-062906-3.
[12] Kim J Y，Grishin A M. $AgTaO_3$ and $AgNbO_3$ thin films by pulsed laser deposition. Thin Solid Films，2006，515 (2)：615-618.
[13] Chen J Q，Wang X，Lu Y H，et al. Defect dynamics and spectral observation of twinning in single crystalline $LaAlO_3$ under subbandgap excitation. Appl. Phys. Lett.，2011，98 (4)：041904-041904-3.
[14] Kinomura N，Kumata N，Muto F. A new allotropic form with ilmenite-type structure of $NaNbO_3$. Materials Research Bulletin，1984，19 (3)：299-304.
[15] Kisch H. Semiconductor photocatalysis—mechanistic and synthetic aspects. Angew. Chem. Int. Ed.，2013，52 (3)：812-847.
[16] Herrmann J M. Heterogeneous photocatalysis：state of the art and present applications in honor of Pr. Burwell R L Jr. (1912—2003)，Former Head of Ipatieff Laboratories，Northwestern University，Evanston (Ill). Topics in Catalysis，2005，34 (1)：49-65.
[17] Schultz A M，Zhang Y，Salvador P A，et al. Effect of crystal and domain orientation on the visible-light photochemical reduction of Ag on $BiFeO_3$. ACS Appl. Mater. & Inter.，2011，3 (5)：1562-1567.
[18] Burbure N V，Salvador P A，Rohrer G S. Photochemical reactivity of titania films on $BaTiO_3$ substrates：influence of titania phase and orientation. Chem. Mater.，2010，22

(21): 5831-5837.

[19] Jiang L Q, Zhang Y H, Qiu Y, et al. Improved photocatalytic activity by utilizing the internal electric field of polar semiconductors: a case study of self-assembled $NaNbO_3$ oriented nanostructures. RSC Adv., 2014, 4 (7): 3165-3170.

[20] Park S, Lee C W, Kang M G, et al. A ferroelectric photocatalyst for enhancing hydrogen evolution: polarized particulate suspension. Phys. Chem. Chem. Phys., 2014, 16 (22): 10408-10413.

[21] Valant M, Axelsson A K, Alford N. Review of $Ag(Nb,Ta)O_3$ as a functional material. J. Eur. Ceram. Soc., 2007, 27 (7): 2549-2560.

[22] Molak A, Pawelczyk M, Kubacki J, et al. Nano-scale chemical and structural segregation induced in surface layer of $NaNbO_3$ crystals with thermal treatment at oxidising conditions studied by XPS, AFM, XRD, and electric properties tests. Phase Transit., 2009, 82 (9): 662-682.

[23] Chen C C, Ma W H, Zhao J C. Semiconductor-mediated photodegradation of pollutants under visible-light irradiation. Chem. Soc. Rev., 2010, 39 (11): 4206-4219.

[24] Ishibashi K, Fujishima A, Watanabe T, et al. Quantum yields of active oxidative species formed on TiO_2 photocatalys. J. Photochem. Photobiol. A: Chem., 2000, 134: 139-142.

[25] Zhu H Y, Zheng Z F, Gao X P, et al. Structural evolution in a hydrothermal reaction between Nb_2O_5 and NaOH solution: from Nb_2O_5 grains to microporous $Na_2Nb_2O_6 \cdot 2/3H_2O$ fibers and $NaNbO_3$ cubes. J. Am. Chem. Soc., 2006, 128 (7): 2373-2384.

[26] Yamazoe S, Sakurai H, Fukada M, et al. The effect of $SrTiO_3$ substrate orientation on the surface morphology and ferroelectric properties of pulsed laser deposited $NaNbO_3$ films. Appl. Phys. Lett., 2009, 95 (6): 062906.

[27] Park Y, Na Y, Pradhan D, et al. Adsorption and UV/visible photocatalytic performance of BiOI for methyl orange, rhodamine B and methylene blue: Ag and Ti-loading effects. CrystEngComm, 2014, 16 (15): 3155.

[28] Cao J, Luo B D, Lin H L, et al. Thermodecomposition synthesis of WO_3/H_2WO_4 heterostructures with enhanced visible light photocatalytic properties. Appl. Catal. B - Environ., 2012, 111: 288-296.

补充：基本概念

1. 各向异性

各向异性是一个广义的概念，在不同领域有不同的含义。在材料学中，各向异性是指一个材料在不同方向上具有不同的物理化学性质，或其基本性质会随着方向的改变而变化。一般情况下，具有随机取向晶粒的材料是各向同性的，而具有纹理的材料往往是各向异性的。对于单晶材料，各向异性与晶体对称性有关，沿晶格不同方向，原子排列的周期性和疏密程度不尽相同，致使晶体在不同方向有不同的物理化学性质[1,2]。

层状材料是一类典型的各向异性材料，其力学性质、输运性质等在平行层板方向和垂直层板方向具有较大差异。例如，单晶石墨的层平行方向导电率约为层垂直方向导电率的100倍，导热率约为200倍；其层平行方向与层垂直方向摩擦力也有较大差距。纤维状材料也是一类常见的各向异性材料。自然界中，木材、竹材都是具有纤维状管束生物构造的天然各向异性材料。它们在纤维管束方向上的刚度与强度远高于横向。

在光电催化领域，材料各向异性主要表现在导电率以及吸附性质上，可以针对材料的各向异性特征来改性催化性能。例如，层状水滑石基催化剂与单晶石墨类似，其层平行方向具有良好的导电性，研究人员通过剥离体相的层板降低一个催化单元包含的层板数，降低电子的层垂直方向传输，提高材料整体导电性，促进其光电催化性能[3]。

参考文献

[1] Wikipedia contributors. Anisotropy. https://en. wikipedia. org/w/index. php? title = Anisotropy&oldid=960986500. 2020-6-6.

[2] 罗祖道，李思简. 各向异性材料力学. 上海：上海交通大学出版社，1994.

[3] Song F，Hu X L. Nat. Commun.，2014，5：4477.

2. 晶面

在一个布拉维格子中，所有的格点可以认为分布在无穷多个平行且等间距的平面上，这些平面被称为一族晶面，其中任意一个晶面上都有无穷个格点。同一个点阵存在无限多不同方向的晶面族[1,2]。

不同的晶面族通常采用米勒指数来描述。在以晶体单胞三条棱决定的坐标系中，米勒指数是通过晶面与三个坐标的截距来决定：设某一晶面与三个坐标轴 x，y，z 相交，截距分别为 r，s，t（以晶格参数 a，b，c 为单位）。截距比即可代表该晶面的方向。当晶面与坐标轴平行时，会出现截距为∞。为避免这种情况，取截距倒数比 $1/r:1/s:1/t$ 来描述晶面。由于一族晶面相互平行，且等间距，所以截距倒数比可化为一组互质的整数比 $1/r:1/s:1/t=h:k:l$，该晶面就用（hkl）来描述，（hkl）被称为米勒指数。图 5.14 中，r，s，t 分别是 2，3，3，则 $1/r:1/s:1/t=1/2:1/3:1/3=3:2:2$，因此该晶面为（322）晶面。由于晶格点阵具有周期性，晶体中任意晶面在基矢坐标系中的截距为有理数。

注意到，晶面的表示往往取决于所采用的坐标系，同一族晶面在不同坐标系中的表示不同。从同一个格点出发，一般约定：

以晶体单胞三条棱为坐标系决定的指数称为米勒指数，用（hkl）表示。

以晶体原胞三条棱为坐标系决定的指数称为晶面指数，用（$h_1h_2h_3$）表示。

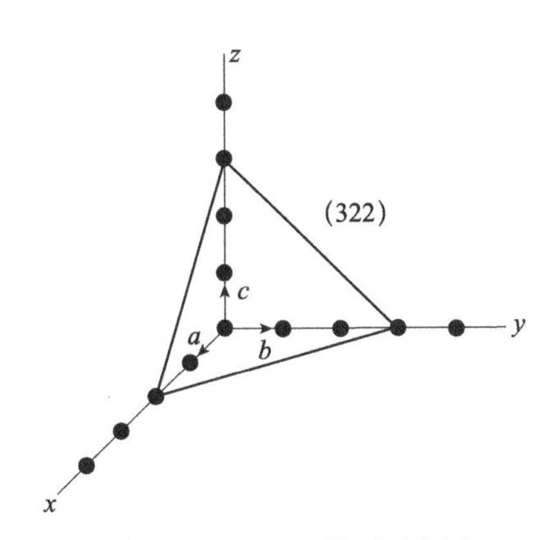

图5.14　(322)晶面示意图

参考文献
[1] 胡安，章维益．固体物理学．2版．北京：高等教育出版社，2011.
[2] 周公度，段连运．结构化学基础．4版．北京：北京大学出版社，2008.

3. 脉冲激光沉积技术

脉冲激光沉积（pulsed laser deposition，PLD）是制备外延薄膜的最常用的方法，可以用于各种金属、合金、氧化物、氮化物、复合多层膜等薄膜的制备。PLD技术是伴随着激光技术的发展而发展起来的[1]。1965年，Smith和Turner第一次尝试用红宝石激光沉积光学薄膜，取得了一定的成功[2]。到20世纪70年代中期，电子Q开关的应用，短脉冲激光应运而生，使PLD技术取得较大进展。在PLD系统中，当高能激光脉冲打在靶材上时，靶材表面的物质会发生电离，产生温度达到数千开尔文的等离子体羽辉。脉冲激光激发出的羽辉会在衬底上迅速冷却，沉积成膜。典型的PLD系统的示意图如图5.15所示。脉冲激光沉积过程也称为激光烧蚀消融，其机制非常复杂，很难清楚透彻地理解其中的微观过程。通常会认为，只要激光器的能量超过材料的烧蚀阈值，激发的等离子体羽辉的物质成分和沉积的薄膜的成分就与靶材的化学计量基本相同。虽然在实际实验中，沉积薄膜的化学计量还可能和激光能量、光斑大小、沉积速率、靶间距、氧分压、衬底类型、衬底温度等制备条件相关，但总体来说PLD系统能够较好地在薄膜当中保留靶材的成分。和磁控溅射类似，由于羽辉中等离子体的高能量，激光脉冲沉积制备的薄膜往往也存在点缺陷。

相对于磁控溅射，PLD具有更高的精度，如在原子级别控制薄膜厚度，适合于沉积高质量薄膜。PLD可以与反射高能电子衍射（RHEED）、低能电子衍射（LEED）等衍射设备原位连接，在沉积时实时控制薄膜的表面结构和生长过程；而增加等离子体源则可以用于辅助反应或者清洁衬底表面。PLD系统还可以和X射线光电子能谱（XPS）、角分辨光电子能谱（ARPES）、扫描隧道显

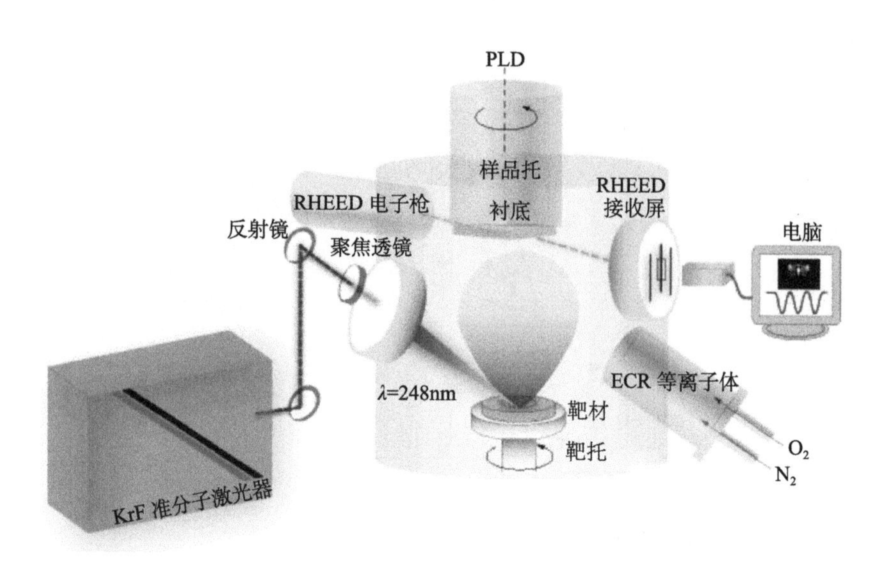

图 5.15 典型的 PLD 系统的示意图

微镜（STM）等表征设备连接，从而原位获得外延薄膜样品的物理化学特性或者实时监控反应过程。目前，PLD 系统的缺点在于受激光器的激光能量所限，不适合于薄膜的大面积沉积，加上仪器成本往往比较高昂，所以通常仅用于微电子、传感器等高新技术领域和新材料薄膜的开发与探索。

PLD 技术的主要优点有：（1）易获得期望化学计量比的多组分薄膜，即具有良好的保成分性；（2）沉积速率高，实验周期短；（3）工艺参数任意调节，对靶材的种类没有限制；（4）发展潜力巨大，具有极大的兼容性；（5）便于清洁处理，可以制备多种薄膜材料。

参考文献

[1] 张端明，等．脉冲激光沉积动力学原理．北京：科学出版社，2011.
[2] Smith H M，Turner A F. Appl. Opt.，1965，4（1）：147-148.

第 6 章　铌酸钠的光致亲水性

1995 年，首次报道氧化物表面的光致亲水性。特别是在紫外光的照射下，TiO_2表面出现超亲水现象，使其表面具有了防雾和自清洁的特性。这种光致润湿性的变化特性使得多晶 TiO_2薄膜涂层有了广泛的用途，例如，汽车的侧视镜、瓷砖外涂层以及公路的墙板。除了 TiO_2之外，ABO_3钙钛矿型氧化物作为光催化材料也被广泛关注，但是，除了 $SrTiO_3$以外，其他材料的光致亲水性的研究很少。

$NaNbO_3$薄膜在紫外光照射下表现出光致亲水性，并且其光致亲水性能与光催化氧化性能无关[1]。本章详细介绍：(1) 溶胶-凝胶法制备亲水性薄膜，以及其微结构对亲水性能的影响[2]；(2) 基于 $[Nb_3O_8]^-$纳米片制备的 $NaNbO_3$ 亲水性薄膜，以及其达到的工业标准[3]。

6.1　溶胶-凝胶法制备亲水性薄膜

利用溶胶-凝胶法制备涂层溶液，混合前驱体的物质的量比为 $C_5H_7NaO_2 \cdot nH_2O : C_5H_8O : Nb(OC_2H_5)_5 = 1 : 2 : 1$。具体过程如下：首先，水合乙酰丙酮钠($C_5H_7NaO_2 \cdot nH_2O$，0.488g)溶解在乙醇（$C_2H_5OH$，35mL）中，随后，加入乙酰丙酮（$C_5H_8O$，0.821mL）。溶液搅拌 30min 后，加入乙醇铌（$Nb(OC_2H_5)_5$，1.00mL），再快速搅拌 30min。然后，加入一滴盐酸溶液（5.00mL，pH=1），在室温下搅拌，水解混合前驱溶液。最后，往溶液中加入聚乙二醇 200($H(OCH_2CH_2)_nOH$，5.00mL)，便于覆盖在玻璃衬底上。通过旋涂法在石英玻璃上制备薄膜样品，结晶过程分别是在 500℃、700℃和 900℃煅烧 1h。

图 6.1 给出了薄膜表面的 SEM 图。在 500℃制备的薄膜样品，平均颗粒尺寸为 15～20nm，表面相对平整，平均表面粗糙度为 0.17nm。但是，在 700℃和 900℃制备的薄膜样品，平均颗粒尺寸分别是 30～40nm 和 50～80nm，表面变得比较粗糙，平均粗糙度为 2.11nm 和 4.58nm。这主要是高的结晶温度有利于颗粒长大，表面粗糙度随着结晶温度的升高不断增加。在 Pichini 法制备 $NaNbO_3$颗粒中也有发现相似规律[4,5]。

X 射线衍射的结果表明制备薄膜的晶相是正交结构的 $NaNbO_3$，空间群为

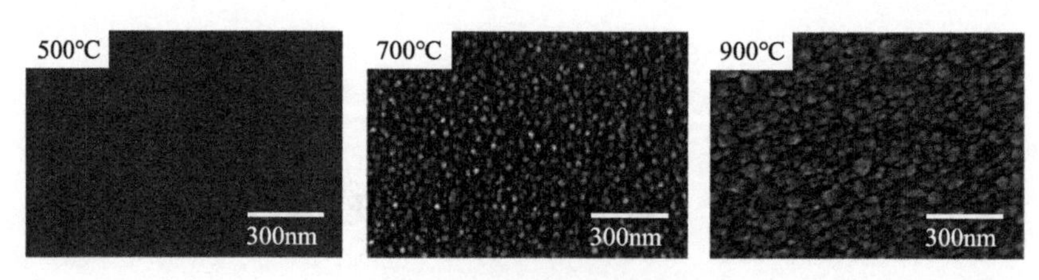

图 6.1 薄膜表面的 SEM 图

Pbcm，没有特定晶向的优先生长。三个薄膜样品中（002）衍射峰的半高宽（FWHM）近似相等（分别是 0.423°、0.452°和 0.413°），这说明三个薄膜中的晶粒尺寸相似。

图 6.2 给出了在 1.0mW·cm^{-2}光强的 UV-B 灯照射下，薄膜样品上水接触角的变化情况。三个薄膜初始的接触角分别 54°、56°和 45°。当紫外光照射到薄膜上时，接触角开始减小，500℃结晶的薄膜表现出最快的光致亲水性响应，700℃的薄膜次之，900℃的薄膜最慢。

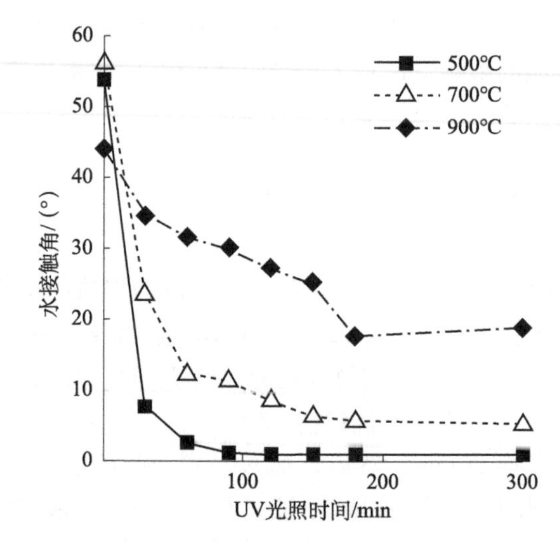

图 6.2 薄膜样品上水接触角的变化

采用 UV-B 灯照射，灯的发射光谱峰值在 306nm；强度：1.0mW·cm^{-2}

接触角和表面粗糙度的关系可以用下面的公式表示[6]：

$$\cos\theta_1 = r\cos\theta_0 \tag{6.1}$$

式中，θ_1、θ_0和 r 分别是粗糙表面的接触角、平滑表面的接触角和粗糙因子。因为 r 是比 1 大的，在 $\theta_0 < 90°$时，粗糙表面的接触角要比平滑表面的接触角小。尽管 900℃结晶的薄膜的粗糙度是三种薄膜中最大的，但是其光致亲水性响应却是最慢的。因此，薄膜之间的光致亲水性响应的差别并不能用表面粗糙度之间

的差别来解释，需要考虑薄膜的本质属性来解释以上光致亲水的实验结果。

图 6.3 给出了 MB 浓度随着光照时间变化的曲线；薄膜在 UV-B 灯照射下，表面的 MB 被光催化氧化降解。在 UV-B 灯照射 180min 后，三种薄膜样品降解的 MB 为 5%～6%（$0.10\times10^{-2}\sim0.12\times10^{-2}$ mmol）。这个结果表明三种薄膜的光催化氧化性能很弱，并且虽然制备温度不同，但是光催化性能基本相同。

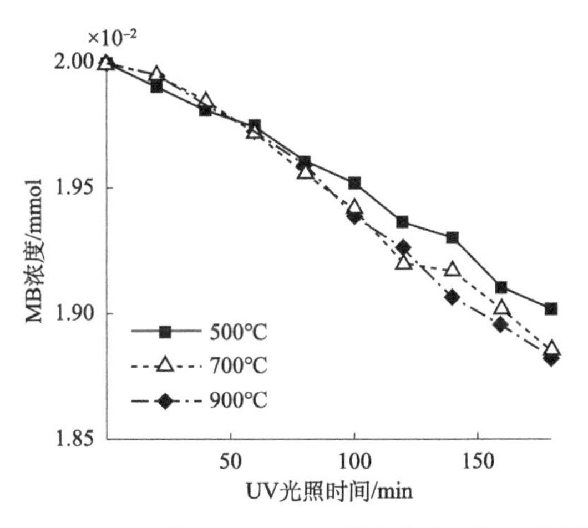

图 6.3　在 UV-B 灯照射下，MB 在光催化薄膜上降解时浓度的变化

光强为 $1.0\text{mW}\cdot\text{cm}^{-2}$

研究者推测 TiO_2 的光致亲水性的原因是羟基基团的浓度增加。这主要来自薄膜表面的有机化合物被光催化氧化降解，或者光引发的表面结构的变化。当表面被有机材料覆盖，有机化合物的光催化降解将使表面产生亲水性，然后羟基基团浓度的增加导致超亲水的表面。$NaNbO_3$ 薄膜在紫外光照射下表现出光致亲水性，但是光催化氧化活性很低。

Shibata 等在不同热胀系数的衬底材料采用溅射法制备了 TiO_2 薄膜，并研究了应力效应对 TiO_2 薄膜光致亲水性的影响[7,8]。结果表明，外部拉应力增强了光致亲水性，压应力抑制了光致亲水性。硅玻璃和 $NaNbO_3$ 的热胀系数分别为 $0.4\times10^{-6}\sim0.55\times10^{-6}$ 和 10.0×10^{-6}。因此，硅玻璃衬底上的 $NaNbO_3$ 薄膜存在外部拉应力。当薄膜冷却的时候，由于温度差，高温结晶的薄膜会比低温结晶的薄膜产生更大的剩余应力。因此，如果外部拉应力非常重要的话，相对于在 500℃制备的薄膜，在 700℃和 900℃制备的薄膜应该会表现出更好的光致亲水性。以上推论与实验结果不符，所以应力不是导致表面光致亲水性能不同的原因。

此外，制备薄膜的光致亲水性会受到表面微结构的影响。这些结果表明光致亲水性并不仅仅是由光催化氧化引起的，而且还受到表面微结构的影响。虽

然多晶锐钛矿 TiO_2 薄膜具有很好的紫外光活性，并且光致亲水性也受到表面微结构的影响[9]。$NaNbO_3$ 薄膜的光致亲水性不是由光催化氧化引起的，这不同于 TiO_2 薄膜的研究结果。

6.2 纳米片制备亲水性薄膜

多晶 TiO_2 涂层被应用于各种工业产品，如汽车的侧视镜、镀膜窗子、瓷砖表面以及高速公路的护墙板。但是，TiO_2 薄膜并不能应用于汽车上的自清洁玻璃。汽车窗玻璃对涂层薄膜的黏附性和硬度要求很高，因为这些薄膜必须经得起刷子的擦洗。

纳米片是一种具有较大长宽比和平整表面的二维微晶。在实现低浊度、良好黏附度和高硬度方面，薄片形状具有很多优势。TiO_2 纳米片具有光催化氧化活性和光致亲水性。高活性和光滑的薄膜表面使得这种纳米片薄膜可能作为窗户的自清洁涂层来使用。但是，TiO_2 纳米片的下面需要一层稠密的阻挡层来防止碱性成分在加热过程中从钠钙玻璃中扩散出来，尤其是 Na^+，因为 Na^+ 存在时光催化性能会急剧下降[10]。因此，制造过程就变得复杂，而且增加了产品的成本。本节详细介绍通过剥离层状铌酸盐制备氧化铌（Nb_2O_5）纳米片，通过加热过程形成 $NaNbO_3$ 薄膜的形成机制、浊度、硬度以及光催化性能和自清洁性能。

6.2.1 样品制备

将 KNO_3（和光纯药株式会社，东京，日本）和 Nb_2O_5（和光纯药株式会社，东京，日本），按照 2∶3 的物质的量比混合研磨，然后在 1100℃煅烧 4h，研磨得到 KNb_3O_8 粉末。将 KNb_3O_8 粉末加入到 1mol/L 硫酸中搅拌 1h 实现质子交换，然后用超纯水清洗。以上过程重复 3 次，K^+ 会被 H^+ 或者 H_3O^+ 替换。质子交换后的样品分散到在 200mL 40wt%的氢氧化四丁铵（TBAOH，Sigma-Aldrich Japan K. K.，东京，日本）水溶液（固体浓度为 5.0wt%）中，搅拌 1h，剥离片状 Nb_2O_5。TBAOH 与 $H^+[Nb_3O_8]^-$ 的物质的量比为 2∶1。

含有片状 Nb_2O_5 的溶液和乙醇（C_2H_5OH，和光纯药株式会社，东京，日本）按照体积百分比 1∶4 来混合，制备出涂层溶液（1.0wt%）。在干燥的空气环境中，涂层溶液旋涂在洁净的钠钙玻璃上，转速 1000rpm，20s。薄膜在空气中分别在 350℃、400℃、450℃、500℃和 550℃加热 1h。

6.2.2 结果和讨论

图 6.4 是涂层玻璃的雾度值和硬度随制备温度的变化图。用雾度值（ΔH_z）表征玻璃的浊度。无论是否退火，所有的玻璃都有良好的光学透明度，其雾度

值都<0.6，接近于商业化的功能玻璃。玻璃上涂层薄膜的硬度和退火温度相关，如图6.4（b）所示。薄膜的加热温度大于等于450℃时，硬度会显著增加。抗磨损性能也随着加热温度的增加而增强。在300℃和350℃制备的薄膜，泰伯尔磨损测试之后完全消失。薄膜和玻璃之间的附着力很差。在450℃以上制备的薄膜在泰伯尔磨损测试后仍然存在，只是测试前后的ΔH_z有一点儿轻微的变化。这些结果表明，高于450℃制备的薄膜具有出色的表面硬度和抗磨损性能。

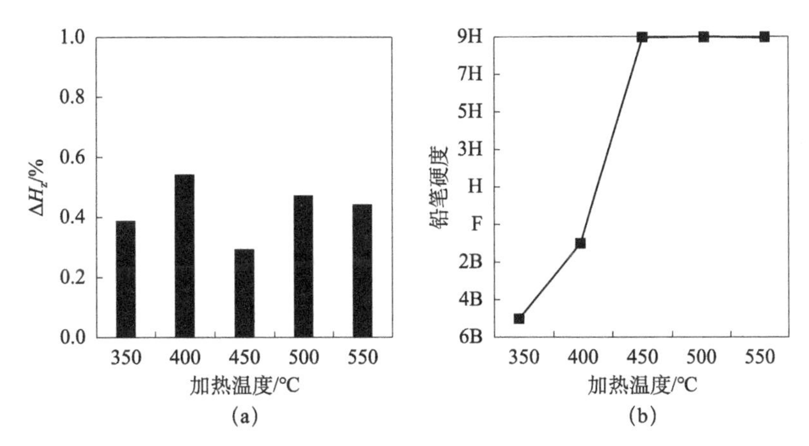

图6.4　涂层玻璃的(a)雾度值(ΔH_z)和(b)硬度与加热温度之间的关系

涂层溶液在80℃干燥得到粉末样品，利用热重分析和差式扫描量热分析（TG-DSC）其加热质量变化情况。结果表明在100℃时，样品会脱水；在250～400℃氢氧化四丁铵（TBA^+）会热分解。

薄膜的XRD结果如图6.5（a）所示。薄膜含有$NaNb_3O_8$（Pmnm）和$NaNbO_3$（Pbcm）。随着加热温度的增加，$NaNb_3O_8$衍射峰的强度降低，加热温度高于450℃时，开始出现$NaNbO_3$的衍射峰，表明在这样的温度下$NaNb_3O_8$向$NaNbO_3$转变。局域放大$NaNb_3O_8$（010）衍射峰的XRD图如图6.5（b）所示。随着加热温度的升高，衍射峰向更高的角度移动。这可能是因为$NaNb_3O_8$的晶面间距随着TBA^+的热分解而减小。硅玻璃衬底上的研究结果，如图6.5（c）所示，表明在现有制备温度下［Nb_3O_8］$^-$很难保持层状结构。对于钠钙玻璃，XRD峰仍然存在，这说明在钠钙玻璃上，由于Na^+的扩散，保持了层状结构。X射线光电子能谱研究结果表明，随着制备温度的升高，Na 1s的强度逐渐增加，这说明玻璃中的Na^+向薄膜中扩散。Nb 3d的结合能增加，这是由于$NaNbO_3$中Nb—O的键长比$NaNb_3O_8$中要短[11,12]。550℃制备样品的Nb 3d结合能和$NaNbO_3$完全一致。这些结果表明在较低的温度和低Na^+浓度下形成的$NaNb_3O_8$，在高Na^+浓度和较高退火温度下会转变为$NaNbO_3$。

从Nb_2O_5纳米片向$NaNbO_3$的结构转变过程如图6.6所示。未加热时，

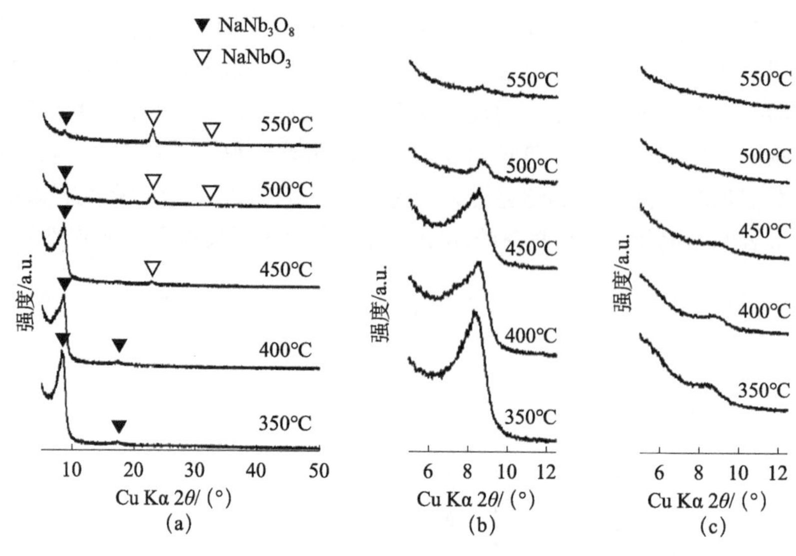

图 6.5 不同热处理温度的涂层玻璃的 XRD 图

(a) 扫描范围 5°～50°；(b) 与 $NaNb_3O_8$ 相关的 (010) 反射峰的详细扫描；(c) 制备在硅玻璃衬底上的样品的详细扫描

Nb_2O_5 纳米片的层间存在 TBA^+，直到400℃时 $TBA[Nb_3O_8]$ 单元都仍然存在。随着制备温度的升高，TBA^+ 离子分解，Na^+ 从钠钙玻璃中扩散到层间。假定 TBA^+ 是球形的，那么从正丁胺长度计算得到的半径是 0.853nm，比 Na^+ 的离子半径（0.116nm）要大得多[13]。因此，随着层间阳离子从 TBA^+ 替换为 Na^+，形成 $NaNb_3O_8$，(010) 衍射峰会向更大的角度移动。在 Nb_2O_5 纳米片中，沿着 [001] 方向，三个 NbO_6 八面体通过共顶角和边缘连接。在 $NaNbO_3$ 结构中，NbO_6 八面体单元通过共顶角连接，沿着 [100]、[010] 和 [001] 方向。

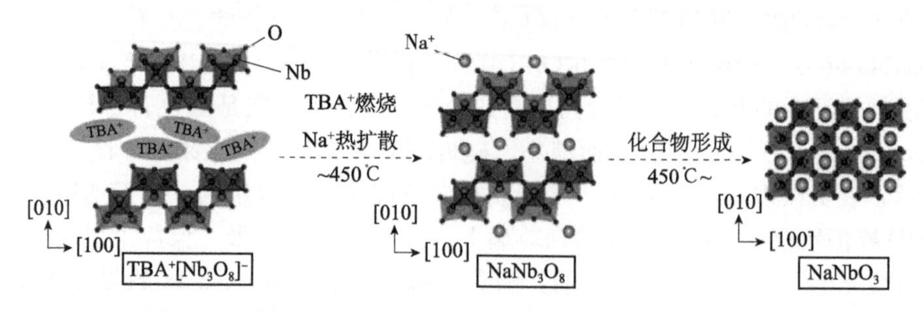

图 6.6 不同退火温度下涂层 Nb_2O_5 纳米片结构转变的示意图

在 350℃和 400℃制备的薄膜中，能观察到由 Nb_2O_5 纳米片构成的均匀微结构。在 450℃以上制备的薄膜中，能看到立方体形状的 $NaNbO_3$ 晶粒，其平均粒径大约为 50nm。微结构中观察到的晶界是 Nb_2O_5 纳米片和 $NaNbO_3$ 晶粒之间的界面。薄膜的粗糙度随着制备温度的升高而变大。

薄膜样品的水接触角（θ）随着紫外照射时间变化的曲线如图6.7所示。不同薄膜之间，最初的接触角有一定区别，研究者归因于在真空干燥箱中避光存储的时间不同，因为在干燥箱里薄膜表面会缓慢地转变为疏水的状态。当紫外光照射在薄膜上，接触角开始减小。照射300min之后，所有薄膜的接触角θ都小于5°，呈现高度亲水性的状态。这个结果表明所有的薄膜在紫外光照射下都展现出光致亲水性。450℃以上制备的薄膜具有更高的亲水性转变速率，这表明$NaNbO_3$的亲水性转变速率要高于$NaNb_3O_8$。即使是在泰伯尔磨损测试之后，450℃以上制备的薄膜仍然具有光致亲水性。

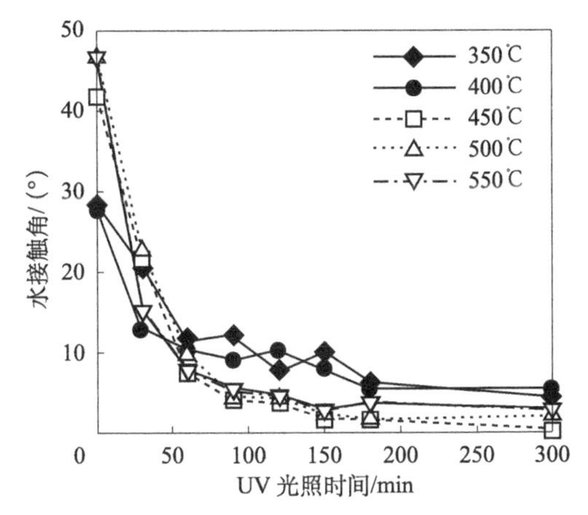

图6.7　紫外光照射下薄膜的水接触角的变化

水接触角的值是三次独立测量的平均值。光强是$1.0mW\cdot cm^{-2}$

避光保存时亲水性的保持能力如图6.8所示。450℃以下制备的薄膜能够在7天内保持亲水性（水接触角<5°）。500℃和550℃制备的薄膜能在7天内分别保持水接触角<10°和15°。这表明相对于较高温度下制备的薄膜，较低温度下制备的薄膜能够更好地保持亲水性状态。

制备的薄膜浸没在$0.02mmol\cdot L^{-1}$ MB水溶液中一夜来使薄膜表面达到吸附饱和。在用超纯水清洗之后，一个圆柱形玻璃管（Φ40mm×30mm）和薄膜表面接触，用硅脂黏合，往玻璃管中倒入$0.01mmol\cdot L^{-1}$ MB水溶液。紫外光从上方照射，MB的吸收光谱用紫外-可见光分光光度计来测量。薄膜在紫外光照射下，MB光催化氧化的降解率低于6%，如图6.9所示。随着加热温度的增加，降解率会进一步降低。这个结果表明$NaNb_3O_8$和$NaNbO_3$的光催化氧化性能都很低，这和之前的报道相一致。

图6.10是有Nb_2O_5纳米片涂层和没有涂层的玻璃在自清洁测试后的照片。两种玻璃均被日光灯照射，在特定的时间间隔喷洒工业用水。没有涂层的玻璃，有一层水垢附着在玻璃表面，而在有涂层的玻璃上则没有见到水垢。采用一些

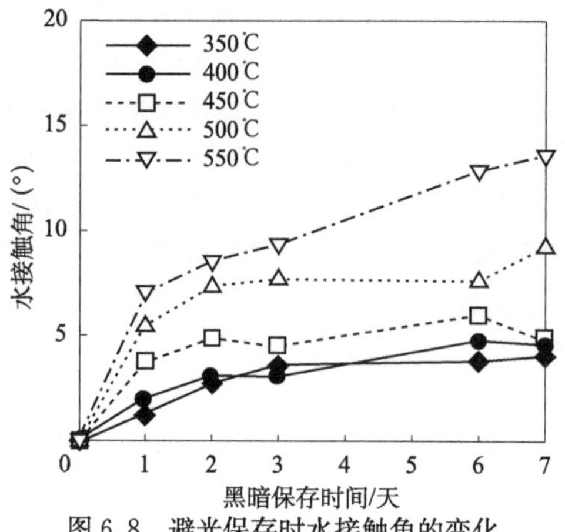

图 6.8 避光保存时水接触角的变化

水接触角的值是三次独立测量的平均值

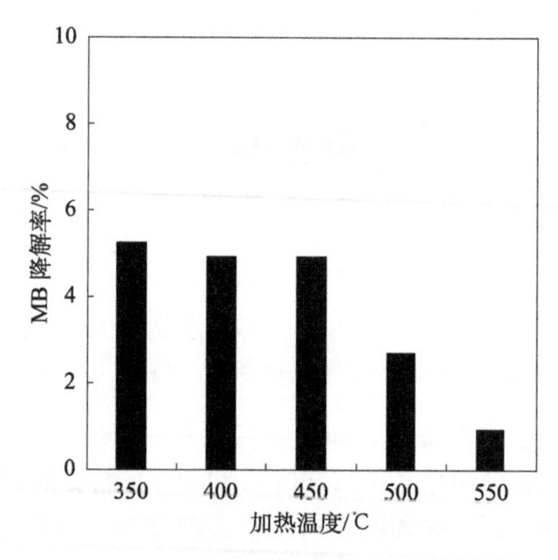

图 6.9 紫外光照射薄膜 24h 后 MB 降解率

光强是 1.0mW・cm^{-2}

粉末进行模拟测试，粉末中包含多种成分（C、SiO_2、Fe_2O_3、Al_2O_3、CaO、MgO、TiO_2），得到和前面相似的结果。而且在泰伯尔磨损测试之后，自清洁性能的下降也非常少。而对于一些商用的光催化玻璃，在进行同样自清洁测试时，性能的下降非常明显。两者之间的差别一方面是因为光致亲水性，另一方面则是因为纳米片涂层薄膜更加平整，具有更好的黏附性和硬度。因为卓越的黏附性、硬度和亲水性保持特性，450℃和 500℃制备的薄膜更适用于车辆的自清洁玻璃。

$NaNbO_3$ 薄膜具有光致亲水性，但是其光催化氧化性能很低，这与 TiO_2 中发现的结果不同，具体机理尚待开展详细研究。同时采用 Nb_2O_5 纳米片为前驱体实现自清洁玻璃的具体工艺还需要进一步优化[14]。

图 6.10　有 Nb_2O_5 纳米片涂层和没有涂层的玻璃在自清洁测试后的照片
有涂层的玻璃是在 450℃退火 1h 的。两种玻璃都被人工日光灯照射，
在特定的时间间隔喷洒工业用水

参 考 文 献

[1] Katsumata K, Cordonier C E J, Shichi T, et al. Photocatalytic activity of $NaNbO_3$ thin films. J. Am. Chem. Soc., 2009, 131 (11): 3856, 3857.

[2] Katsumata K, Cordonier C E J, Shichi T, et al. Effect of surface microstructures on photo-induced hydrophilicity of $NaNbO_3$ thin films by sol-gel process. Mater. Sci. Eng. B-Adv., 2010, 173 (1-3): 267-270.

[3] Katsumata K, Okazaki S, Cordonier C E J, et al. Preparation and characterization of self-cleaning glass for vehicle with niobia nanosheets. ACS Appl. Mater. Inter., 2010, 2 (4): 1236-1241.

[4] Li G Q, Kako T, Wang D F, et al. Synthesis and enhanced photocatalytic activity of $NaNbO_3$ prepared by hydrothermal and polymerized complex methods. J. Phys. Chem. Solids, 2008, 69 (10): 2487-2491.

[5] Li G Q. Photocatalytic properties of $NaNbO_3$ and $Na_{0.6}Ag_{0.4}NbO_3$ synthesized by polymerized complex method. Mater. Chem. Phys., 2010, 121 (1-2): 42-46.

[6] Wenzel R N. Surface roughness and contact angle. Journal of Physical & Colloid Chemistry, 1949, 53 (9): 1466, 1467.

[7] Shibata T, Irie H, Tryk D A, et al. Effect of residual stress on the photochemical properties of TiO_2 thin films. J. Phys. Chem. C, 2009, 113 (113): 12811-12817.

[8] Shibata T, Hiroshi Irie A, Hashimoto K. Enhancement of photoinduced highly hydrophilic conversion on TiO_2 thin films by introducing tensile stress. J. Phys. Chem. B, 2003, 107: 10696 - 10698.

[9] Katsumata K, Nakajima A, Yoshikawa H, et al. Effect of microstructure on photoinduced hydrophilicity of transparent anatase thin films. Surf. Sci., 2005, 579 (2-3): 123-130.

[10] Paz Y, Heller A. Photo-oxidatively self-cleaning transparent titanium dioxide films on soda lime glass: the deleterious effect of sodium contamination and its prevention. J. Mater. Res., 1997, 12 (10): 2759-2766.

[11] Nedjar R, Borel M M, Leclaire A, et al. Sodium niobate $NaNb_3O_8$: a novel lamellar oxide synthesized by soft chemistry. J. Solid State Chem., 1987, 71: 1.

[12] Sakowski-Cowley A C, Ukaszewicz K, Megaw H D. The structure of sodium niobate at room temperature, and the problem of reliability in pseudosymmetric structures. Acta Crystallogr., 1969, 25 (5): 851-865.

[13] Shiguihara A, Bizeto M, Constantino V R L. Exfoliation of layered hexaniobate in tetra(n-butyl)ammonium hydroxide aqueous solution. Colloids & Surfaces A: Physicochemical & Engineering Aspects, 2007, 295 (1): 123-129.

[14] Shibata T, Takanashi G, Nakamura T, et al. Titanoniobate and niobate nanosheet photocatalysts: superior photoinduced hydrophilicity and enhanced thermal stability of unilamellar Nb_3O_8 nanosheet. Energy Environ. Sci., 2011, 4 (2): 535-542.

补充：基本概念

1. 润湿性

润湿是形成固-液界面的作用之一。严格来说，是指在固体表面上一种液体取代另一种与之不相混溶液体的过程。因此，润湿现象是固体表面结构性质、液体本征性质和固液界面分子间相互作用等微观特性综合作用的宏观表现。通常人们认为的润湿现象是指固体表面的气体被液体取代的过程。在日常生活中随处可见润湿现象，例如衣服容易被雨水打湿，卫生纸能吸水。与之相对的是不润湿现象，例如荷叶表面不能被水打湿。因此，润湿性可通俗理解为液体润湿固体表面的能力，即一种液体在一种固体表面铺展的倾向性[1-3]。

润湿现象中存在一种特殊情况，即液体在固体表面不完全湿润，展开形成躺滴，并在液相和固相之间存在接触角。如图 6.11 所示，接触角定义为，在固-液-气三相界面的交界处，由固-液界面经过液滴内部至气-液界面的夹角。通常，接触角 $\theta>90°$，可以认为液体对躺着的固体是不润湿的；接触角 $\theta<90°$，即可被润湿，且 θ 越小液体对固体的润湿程度越大，润湿能力越强。当 $\theta=180°$时，称为完全不润湿；当 $\theta=0°$时，称为完全润湿或铺展。

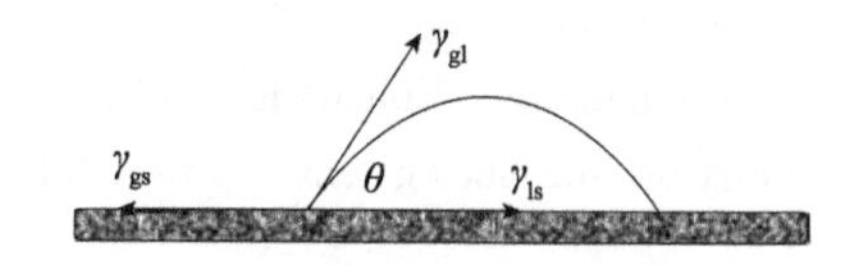

图 6.11　固-液界面接触角与界面张力关系示意图

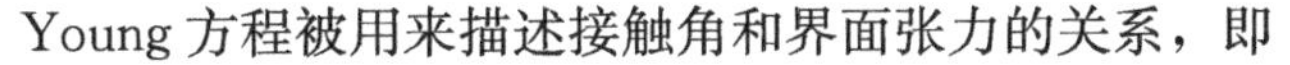

Young 方程被用来描述接触角和界面张力的关系，即

$$\gamma_{gs}=\gamma_{gl}\cos\theta+\gamma_{ls} \tag{6.2}$$

式中，γ_{gs}、γ_{gl}和γ_{ls}分别为气-固、气-液和液-固界面的张力；θ为接触角。

影响液-固界面接触角的因素主要有两个：固体表面粗糙度和固体表面不均匀性。

（1）Wenzel 方程可用来描述固体表面粗糙度对接触角影响，即

$$r\ (\gamma_{gs}-\gamma_{ls})=\gamma_{gl}\cos\theta_r \tag{6.3}$$

式中，r为表面粗糙度；θ_r为粗糙表面的表观接触角。

$$r=\frac{\cos\theta_r}{\cos\theta}>1 \tag{6.4}$$

由此可见，当$\theta<90°$时，表面粗糙化能使接触角变小，提高润湿性；当$\theta>90°$时，表面粗糙化使接触角增大，该体系润湿性变差。

（2）固体表面不均匀性对接触角的影响。设固体表面由物质 A、物质 B、物质 C 等多种固体物质组合成的复合固体表面，它们的表面占比分别为x_A、x_B、x_C等。复合固体表面接触角θ和各个纯物质固体表面接触角（θ_A、θ_B、θ_C、…）的关系用 Cassie-Baxter 方程描述，即

$$\cos\theta = x_A\cos\theta_A + x_B\cos\theta_B + x_C\cos\theta_C + \cdots \tag{6.5}$$

说明复合固体表面接触角是该液体在各个纯物质固体表面接触角综合作用的表观现象。

参考文献

[1] 程传煊．表面物理化学．北京：科学技术文献出版社，1995.
[2] 颜肖慈，罗明道．界面化学．北京：化学工业出版社，2004.
[3] Xu W W，Lu Z Y，Sun X M，et al. Acc. Chem. Res.，2018，51（7）：1590-1598.

2. 表面自由能

要理解表面自由能首先要理解表面张力。皂膜实验是用来理解表面张力的一个经典模型。如图 6.12 所示，一个金属框从皂液中提起，皂液在金属框中形成液膜，液膜对长为L的可滑动边框产生作用力，若对其施加外力f可达到平衡状态，则

$$\gamma = \frac{f}{2L} \tag{6.6}$$

式中，2 是因为液膜对左右两个边框均具有作用力；γ为表面张力系数，简称表面张力。

表面张力是作用在单位长度表面的力，单位为$N\cdot m^{-1}$。在平的液面，垂直作用；在弯曲液面，作用于液面的切面上。上述皂膜实验中，表面张力作用于一维的线，对于日常生活中常见的液面，表面张力作用于二维的面，可理解为二维面上的压力。

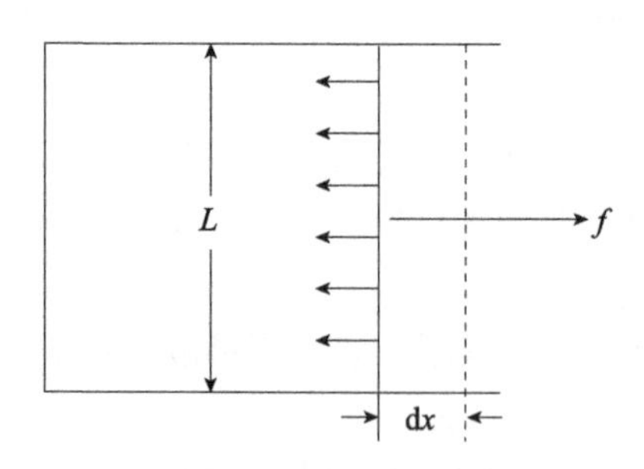

图 6.12　皂膜实验

对于皂膜实验，从热力学过程角度看，外力 f 使得金属边框移动了 $\mathrm{d}x$ 的距离，该力做功为 $\delta W=f\mathrm{d}x$，液膜表面积增加了 $\mathrm{d}A=2L\mathrm{d}x$。

由热力学基本关系式可得，在纯物质表面上：

$$\mathrm{d}G=-S\mathrm{d}T+V\mathrm{d}p+\delta W \tag{6.7}$$

在可逆情况下做功，则 $\mathrm{d}G_{T,p}=\delta W=f\mathrm{d}x$。将式（6.6）代入可得

$$\mathrm{d}G_{T,p}=\delta W=\gamma\cdot 2L\mathrm{d}x=\gamma\mathrm{d}A \tag{6.8}$$

由此可得

$$\gamma=\left(\frac{\mathrm{d}G}{\mathrm{d}A}\right)_{T,p} \tag{6.9}$$

因此，从热力学可逆过程角度看，表面张力 γ 为等温等压条件下，单位面积吉布斯自由能增量，称为比表面吉布斯自由能，简称表面自由能，其单位为 $\mathrm{J\cdot m^{-2}}$。

由于 $\mathrm{J\cdot m^{-2}=N\cdot m\cdot m^{-2}=N\cdot m^{-1}}$，所以表面自由能和表面张力的数值和量纲均相同。但物理意义完全不同，分别是通过热力学方法和力学方法研究的物理量。力学概念更方便研究液面的相关问题；热力学方法更便于理解固体界面的相关问题。

液相或固相物质表面分子/原子处于两相界面处，存在表面张力。根据式（6.8）可知（$\delta W=\gamma\mathrm{d}A$），处于表面的分子/原子的数量越多，表面积越大，体系能量越高。即增加表面积，需要环境对体系做功（称为表面功 W）来增加体系能量。

表面自由能的经典应用为解释纳米颗粒自发团聚现象：由于纳米颗粒尺寸小，位于表面的原子数量多，表面自由能大，整个体系能量高。纳米颗粒团聚后，表面原子数量降低，从而降低表面自由能，使整个体系能量降低，该过程的吉布斯自由能变小于零（$\Delta G<0$），说明该过程自发进行[1,2]。

参考文献

[1] 程传煊．表面物理化学．北京：科学技术文献出版社，1995.
[2] 颜肖慈，罗明道．界面化学．北京：化学工业出版社，2004.

第 7 章　铌酸钠的第一性原理研究

为了深入认识光催化内在机理，除了实验研究，发展理论探索的手段和方法也非常必要。近些年，由于信息电子技术和计算机技术的飞速发展，计算物理、计算化学和计算材料等交叉学科的理论计算与模拟方法已越来越深入地应用于光催化研究中。目前，理论计算和模拟作为一种深入探讨光催化机理和开发高效可见光响应光催化材料的有力工具，正逐步成为常规的研究方法。理论计算模拟方法的研究主要体现在对取得的实验结果进行理论分析，与实验研究紧密结合，或者提前于实验研究进行光催化材料的设计等，加深了科研工作者对光催化作用机理的认知和理解，并为改性传统光催化材料或开发新型光催化材料提供理论指导和支持。

随着有关离子掺杂半导体光催化材料研究的不断深入，关键科学问题主要集中在以下方面：（1）离子单掺杂半导体光催化材料时，由于形成的杂质能级位置不同，对光催化效率的影响也不同，其内在关系尚待澄清；（2）近年来两种或多种元素共掺杂半导体材料的研究在实验方面也取得了一定的进展，但共掺杂机制有待讨论，共掺杂元素的选取方面也有待探索。

本章介绍以密度泛函理论为基础的第一性原理方法，对金属掺杂或非金属掺杂、金属-金属共掺杂和金属-非金属共掺杂 $NaNbO_3$ 的电子结构，讨论分析了这些掺杂对 $NaNbO_3$ 电子结构的影响，并提出了 $NaNbO_3$ 实现可见光响应的不同机理。

7.1　A、B 位掺杂铌酸钠的理论计算

赝钙钛矿结构的 $NaNbO_3$ 作为一种环境友好型光催化材料，因其具有良好的光催化分解水和降解有机物的性能，得到了众多学者的广泛研究[1-3]。但由于它的禁带宽度较宽（E_g～3.40eV），只能吸收紫外光，导致光吸收与量子效率较低，从而制约了其实际应用[4]。

为了实现光催化材料的可见光响应，研究者们对改善其性质进行了许多尝试，发现对它们进行金属离子掺杂是一种有效的方法[5-7]。近年来，研究者们除了在实验方面取得了一些成绩，在掺杂计算方面也取得了一定的进展。Zhou 等

分别探讨了 M（M＝Mn、Co、Fe）掺杂对 $SrTiO_3$ 和 $NaTaO_3$ 电子结构的影响[8]。结果表明，Mn、Co 或 Fe 替代 Ti 后，$SrTiO_3$的能带值减小，光吸收带边发生红移；Fe 替代 Ta 后，带隙变窄，光吸收带边发生红移，进而实现可见光响应。Park 等通过第一性原理计算了 W-Mo 共掺杂 $BiVO_4$的电子结构，发现共掺杂可以提高电子-空穴对的分离效率，而且带隙没有发生明显变化[9]。Chen 等报道了 Rh 掺杂 $SrTiO_3$后，在靠近价带顶处形成了局域能级，这些局域能级可以高效补给电子，进而减小从导带中捕获电子的概率，增强其光催化活性[10]。Qu 等采用基于密度泛函理论的从头计算法研究了 $Zn_{1-x-y}Al_xSn_yO$（重掺杂：$x=0$、0.06，$y=0$、0.06；轻掺杂：$x=0$、0.03，$y=0$、0.03）的电子结构[11]。计算结果表明，Sn 掺杂浓度越高，ZnO 能带值越小；而增加 Al 的掺杂浓度，ZnO 带隙稍微减小；Al/Sn 共掺杂后，其带隙值介于 Al 和 Sn 单掺杂 ZnO 带隙值之间。

本节从密度泛函理论出发，计算 A 位掺杂 Ag^+、B 位掺杂 Sb^{5+} 或 V^{5+} 和 A 位（Ag^+）与 B 位（Sb^{5+} 或 V^{5+}）共掺杂 $NaNbO_3$的电子结构，并分别探讨它们对其电子结构的影响。最后，根据所得的计算结果，提出通过 A 位或 B 位单掺杂和 A 位与 B 位共掺杂使 $NaNbO_3$实现光吸收发生红移的机制。

7.1.1 计算模型与方法

在本小节计算中，平面波截断能选为 370eV，布里源区 K 点取样为 3×3×1，价电子与离子实之间的相互作用由超软赝势描述，电子间的交换关联势由广义梯度近似描述。计算模型为 $NaNbO_3$的超晶胞，共 40 个原子（$8NaNbO_3$）。$NaNbO_3$的空间群为 Pbma，属于正交晶系结构，由 NbO_6八面体共顶点组成的。本小节计算了 A 位掺杂 Ag^+、B 位掺杂 Sb^{5+} 或 V^{5+} 和 A 位（Ag^+）与 B 位（Sb^{5+} 或 V^{5+}）共掺杂 $Na_8Nb_8O_{24}$（$Na_7AgNb_8O_{24}$、$Na_8Nb_7SbO_{24}$、$Na_8Nb_7VO_{24}$、$Na_7AgNb_7SbO_{24}$、$Na_7AgNb_7VO_{24}$）的电子结构，并讨论分析其计算结果。计算晶胞模型如图 7.1 所示。

7.1.2 价带位置与导带位置计算

根据电负性原理，对于一种半导体材料，其价带和导带的电极电势可由以下公式计算得到

$$E_{VB}=X-E^e-0.5E_g \tag{7.1}$$

$$E_{CB}=E_{VB}+E_g \tag{7.2}$$

式中，X 为半导体材料的电负性；E^e 是一个常数（4.5eV）；E_g代表禁带宽度。对于每一种半导体材料，它的电负性 X 都是可以通过公式求解出来的，它等于该半导体材料组分原子电负性的几何平均值，即

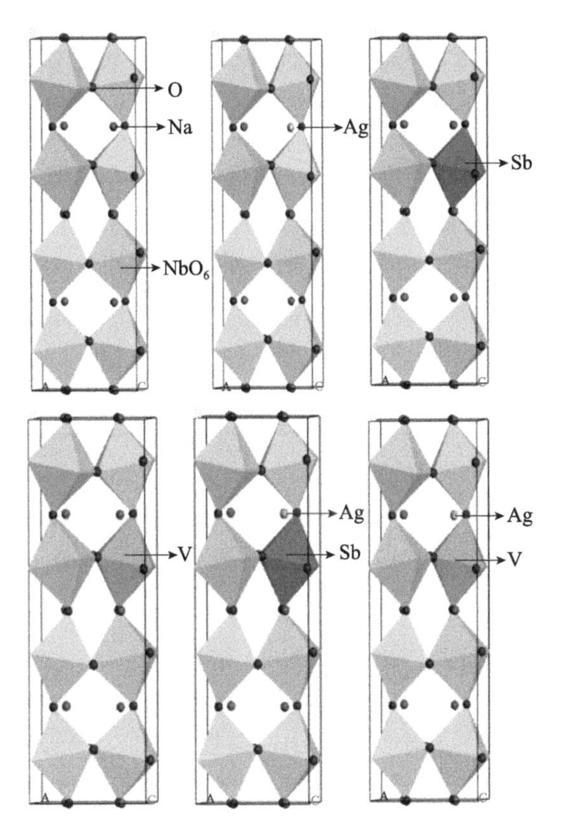

图 7.1　$Na_8Nb_8O_{24}$、$Na_7AgNb_8O_{24}$、$Na_8Nb_7SbO_{24}$、$Na_8Nb_7VO_{24}$、$Na_7AgNb_7SbO_{24}$、$Na_7AgNb_7VO_{24}$的晶胞模型

$$X=\sqrt[n]{X_1X_2X_3\cdots X_n} \tag{7.3}$$

由表 7.1 可知，$NaNbO_3$的电负性为

$$X=\sqrt[5]{2.85\times3.83\times7.54^3}=5.42\text{eV}$$

将该值和带隙值（表 7.2）代入式（7.1）和（7.2）可得到 $NaNbO_3$的价带位置和导带位置：

表 7.1　各元素的电负性（X）

元素	Na	Nb	O	Sb	V	Ag
X/eV	2.85	3.83	7.53	4.85	3.60	4.44

表 7.2　计算材料的禁带宽度（E_g）

名称	$NaNbO_3$	$Na_8Nb_7SbO_{24}$	$Na_8Nb_7VO_{24}$	$Na_7AgNb_8O_{24}$
E_g/eV	3.40	2.80	3.32	3.06

E_{VB} = 5.42 − 4.5 + 0.5 × 3.40 = 2.62eV; E_{CB} = 2.62 − 3.40 = −0.78eV
同理，可算出其他掺杂材料的导带位置和价带位置，如表 7.3 所示。

表 7.3　计算材料的导带位置（E_{CB}）与价带位置（E_{VB}）

名称	X	E_g	E_{CB}	E_{VB}
$NaNbO_3$	5.42	3.40	−0.78	2.62
$Na_8Nb_7SbO_{24}$	5.45	2.80	−0.45	2.35
$Na_8Nb_7VO_{24}$	5.41	3.32	−0.75	2.57
$Na_7AgNb_8O_{24}$	5.48	3.06	−0.55	2.51
$Na_7AgNb_7SbO_{24}$	5.51	2.44	−0.21	2.23
$Na_7AgNb_7VO_{24}$	5.47	2.59	−0.33	2.26

7.1.3　电子结构

图 7.2 是 $NaNbO_3$ 的能带结构图和态密度图。由图 7.2（a）可知，$NaNbO_3$ 的价带顶临近第一布里源区的 G 点，而导带底位于 G 点，这说明 $NaNbO_3$ 属于间接带隙半导体。发现计算得出的 $NaNbO_3$ 带隙值约为 2.48eV，比实验值（E_g =3.40eV）小了 0.92eV，这是因为交换关联作用势不连续[12]。虽然采用 DFT 计算得出的带隙值一般都要比实验值小，但其仍然应用于研究半导体的能带结构变化趋势。另外，图 7.1（b）表明 $NaNbO_3$ 的导带主要由 Nb 4d 轨道构成，而价带主要由 O 2p 轨道构成。

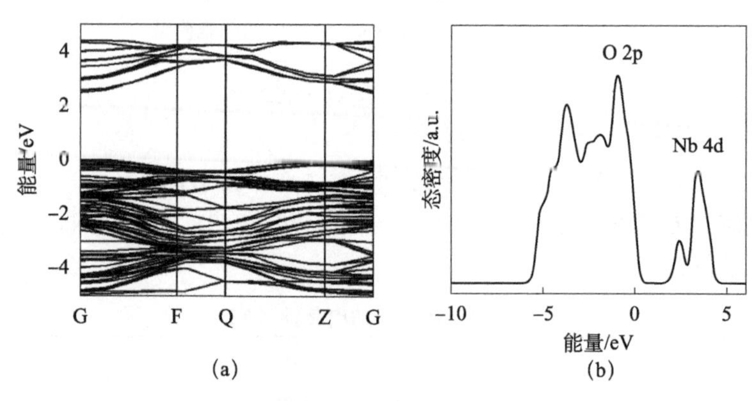

图 7.2　$NaNbO_3$ 的能带结构图(a)和态密度图(b)

A 位掺杂 Ag^+ 后，计算了 $Na_7AgNb_8O_{24}$ 的能带结构和态密度（图 7.3）。由图 7.3（a）可以得出 $Na_7AgNb_8O_{24}$ 禁带宽度约为 2.14eV。而根据表 7.3，$Na_7AgNb_8O_{24}$ 的禁带宽度实验值为 3.06eV，其中导带位置为−0.55eV，价带位置是 2.51eV，与 $NaNbO_3$ 能带值相比，减小了 0.34eV。由图 7.3（b）可知，

$Na_7AgNb_8O_{24}$的价带主要由 O 2p 轨道和 Ag 4d 轨道杂化构成。Ag^+掺杂使得 Ag 4d 轨道与 O 2p 轨道发生杂化，价带宽度变宽，位置发生上移，导致$Na_7AgNb_8O_{24}$能带宽度变窄，使其光吸收带边红移，促进可见光响应的实现。

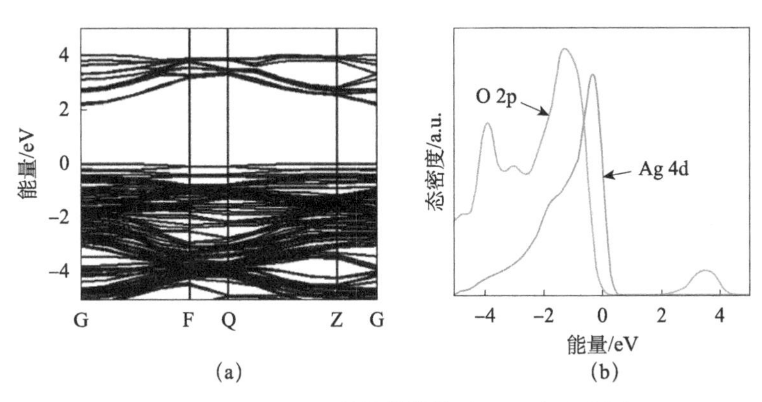

图 7.3　$Na_7AgNb_8O_{24}$的能带结构图(a)和态密度图(b)

图 7.4、图 7.5 是掺杂Sb^{5+}、V^{5+}后计算得到的$Na_8Nb_7SbO_{24}$和$Na_8Nb_7VO_{24}$的能带结构图和态密度图。图 7.4（a）表明，$Na_8Nb_7SbO_{24}$的导带底位于 Z 点，而价带顶位于 G 点，其带隙宽度约为 1.88eV。而根据表 7.3，$Na_8Nb_7SbO_{24}$的带隙实验值为 2.80eV，其中导带位置为−0.45eV，价带位置为 2.35eV，比$NaNbO_3$带隙值小 0.6eV。由图 7.4（b）可知，$Na_8Nb_7SbO_{24}$的导带主要由 Nb 4d和 Sb 5s5p 杂化轨道组成。Sb^{5+}掺杂后，Sb 5s5p 轨道使导带位置下移，其禁带宽度变窄，导致光吸收红移，从而实现可见光响应。

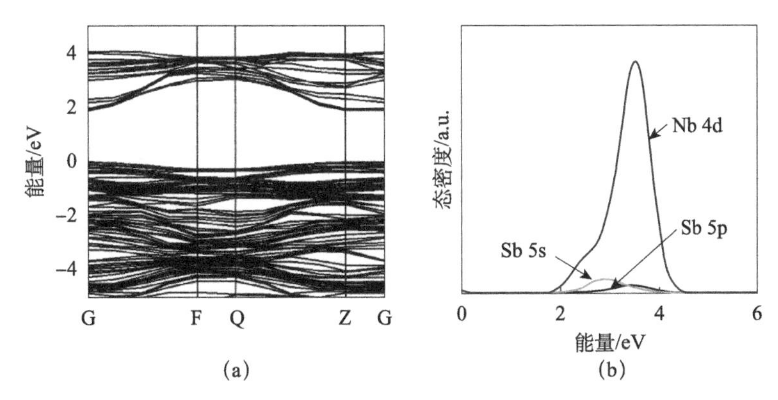

图 7.4　$Na_8Nb_7SbO_{24}$的能带结构图(a)和态密度图(b)

由图 7.5（a）可知，$Na_8Nb_7VO_{24}$的禁带宽度约为 2.40eV。根据表 7.3，$Na_8Nb_7VO_{24}$禁带宽度的实验值为 3.32eV，其中导带位置为−0.75eV，价带位置为 2.57eV，比$NaNbO_3$带隙值小 0.08eV。从图 7.5（b）可看出，$Na_8Nb_7VO_{24}$

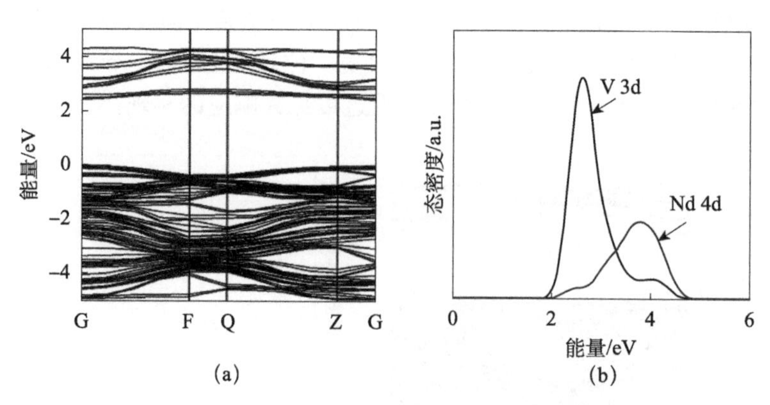

图 7.5　$Na_8Nb_7VO_{24}$的能带结构图(a)和态密度图(b)

的导带主要由 Nb 4d 轨道和 V 3d 轨道构成。掺杂 V^{5+}后，V 3d 轨道与 Nb 4d 轨道发生杂化，使导带底位置下移，致使其光吸收红移。

上面已经分析了 A 位、B 位单掺杂 $NaNbO_3$的电子结构图，基于上述结果，进一步研究 A 位与 B 位共掺杂对 $NaNbO_3$电子结构的影响，对比单掺杂是否有所不同。图 7.6 是计算得到的 $Na_7AgNb_7SbO_{24}$的能带结构图和态密度图。由图 7.6（a）可以得出其禁带宽度约为 1.52eV。根据表 7.3 可知，$Na_7AgNb_7SbO_{24}$能带宽度的实验值为 2.44eV，其中导带位置为−0.21eV，相应的价带位置为 2.23eV，比 $NaNbO_3$实验值小 0.96eV。从图 7.6（b）看出，$Na_7AgNb_7SbO_{24}$的价带主要由 O 2p 和 Ag 4d 杂化轨道构成，其导带主要由 Nb 4d 轨道和 Sb 5s5p 轨道组成。A 位掺杂 Ag^+和 B 位掺杂 Sb^{5+}后，Ag 4d 轨道与 O 2p 轨道发生杂化，导致价带顶位置上移，同时 Sb 5s5p 轨道与 Nb 4d 轨道发生杂化，导致导带底位置下移，使 $NaNbO_3$的禁带宽度变得更窄，光吸收带边发生红移，实现可见光响应。

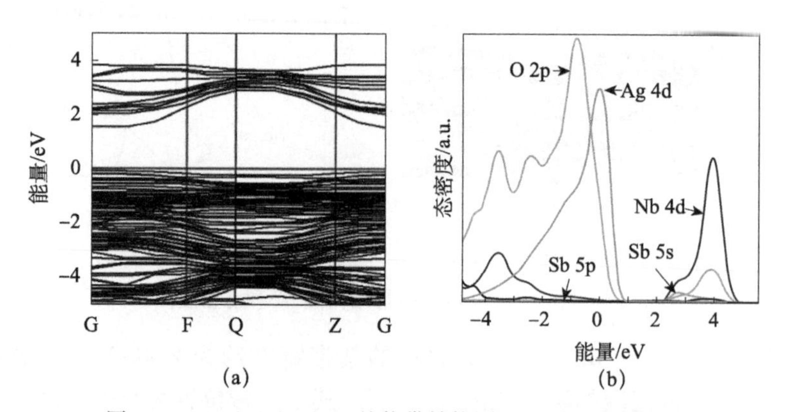

图 7.6　$Na_7AgNb_7SbO_{24}$的能带结构图(a)和态密度图(b)

图7.7是计算得到的$Na_7AgNb_7VO_{24}$的能带结构图和态密度图。由图7.7(a)可以得出其禁带宽度约为1.67eV。根据表7.3可知，$Na_7AgNb_7VO_{24}$的能带宽度实验值为2.59eV，其导带位置为−0.33eV，价带位置为2.26eV。与$NaNbO_3$实验值相比，减小了0.81eV。由图7.7(b)可知，$Na_7AgNb_7VO_{24}$的价带主要由O 2p与Ag 4d杂化轨道构成，而导带主要由Nb 4d和V 3d杂化轨道组成。A位掺杂Ag^+和B位掺杂V^{5+}共掺杂后，Ag 4d轨道与O 2p轨道发生杂化，导致价带顶位置上移，同时V 3d轨道与Nb 4d轨道发生杂化，导致导带底位置下移，致使$NaNbO_3$带隙变窄，光吸收从紫外光区红移至可见光区，实现可见光响应。

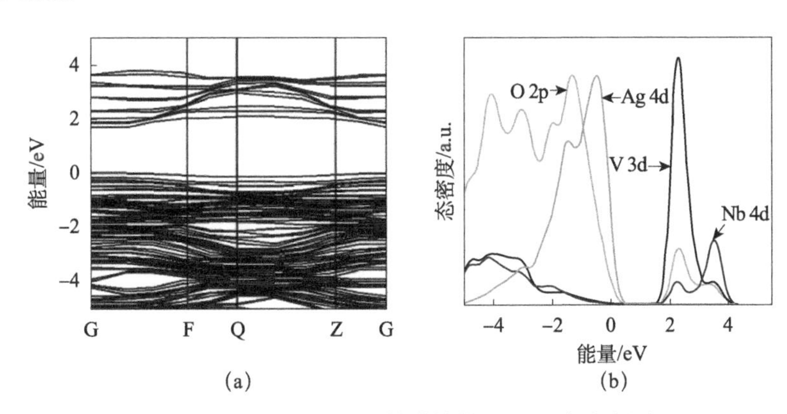

图7.7 $Na_7AgNb_7VO_{24}$的能带结构图(a)和态密度图(b)

7.1.4 能带结构示意图

图7.8是$NaNbO_3$和A位(Ag^+)单掺杂，B位(Sb^{5+}或V^{5+})单掺杂，A位(Ag^+)与B位(Sb^{5+}或V^{5+})共掺杂$NaNbO_3$的能带结构示意图。从图中可以大致看出，掺杂前后$NaNbO_3$能带结构的变化情况：与未掺杂的$NaNbO_3$相比，A位Ag^+掺杂后，其导带位置不变，但由于O 2p轨道和Ag 4d轨道发生杂化，价带位置上移；B位Sb^{5+}或V^{5+}掺杂后，其价带位置不变，导带由于Nb 4d轨道和Sb 5s5p或V 3d轨道的杂化作用，位置下移，致使带隙变窄。A位掺杂Ag^+与B位掺杂Sb^{5+}后，由于Ag 4d轨道和O 2p轨道发生杂化，价带顶位置上移，同时Sb 5s5p轨道与O 2p轨道的杂化导致了导带底位置下移，使得其带隙值比单掺杂带隙值小；A位掺杂Ag^+与B位掺杂V^{5+}后，由于Ag 4d轨道和O 2p轨道的杂化作用，价带顶位置上移，同时V 3d轨道与O 2p轨道的杂化导致了导带底位置下移，使带隙变得更窄。与未掺杂的$NaNbO_3$相比较，A位(Ag^+)或B位(Sb^{5+}、V^{5+})单掺杂和A位(Ag^+)与B位(Sb^{5+}或V^{5+})共掺杂$NaNbO_3$后，能带宽度均变窄，光吸收带边均发生红移，从而使$NaNbO_3$实

现了可见光响应。此外，相比于单掺杂，共掺杂使 $NaNbO_3$ 的带隙变得更窄，在可见光区域的光子能量吸收大幅度增加。

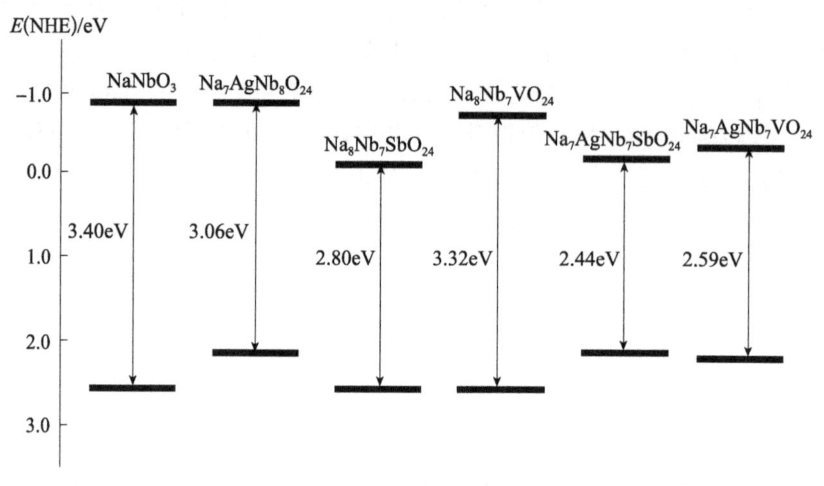

图 7.8　$NaNbO_3$ 和 Ag^+、Sb^{5+}、V^{5+} 单掺杂，Ag^+ 与 Sb^{5+} 或 V^{5+} 共掺杂 $NaNbO_3$ 的能带结构示意图

7.2　O 位掺杂铌酸钠的理论计算

7.1 节中介绍了 A、B 位单掺杂和 A、B 共掺杂 $NaNbO_3$ 的电子结构，并分析了单掺杂和共掺杂对 $NaNbO_3$ 电子结构的影响。结果表明，通过 A 位（Ag^+）、B 位（Sb^{5+}）单掺杂和 A 位（Ag^+）与 B 位（Sb^{5+}、V^{5+}）共掺杂的 $NaNbO_3$ 均能使其光吸收红移，从而进一步实现了可见光响应。然而，有关 O 位掺杂 $NaNbO_3$ 的报道却很少。学者们通过不断的研究，发现非金属元素掺杂 O 位也是一种将紫外光响应型光催化剂的光吸收区域从紫外光区调制到可见光区的有效方法。本节详细介绍采用基于密度泛函理论的第一性原理计算非金属元素（B、C、F、P、S）掺杂 $NaNbO_3$ 的电子结构，并根据计算得到的结果，分析了不同非金属元素掺杂对 $NaNbO_3$ 电子结构的影响[4]。

7.2.1　计算方法与模型

采用包含 80 个原子的 $NaNbO_3$ 单元体积晶胞作为掺杂计算晶体模型（$16NaNbO_3$），计算模型如图 7.9(b)～(f)可以看出，一个 O 原子分别被一个非金属原子（B、C、F、P 或 S）替代，$NaNbO_{3-x}A_x$ 掺杂体系中 x 为 0.125，相对应的掺杂浓度为 4.167at%。

晶体结构的几何优化采用的是 GGA-PBE 函数和超软赝势；电子结构的计

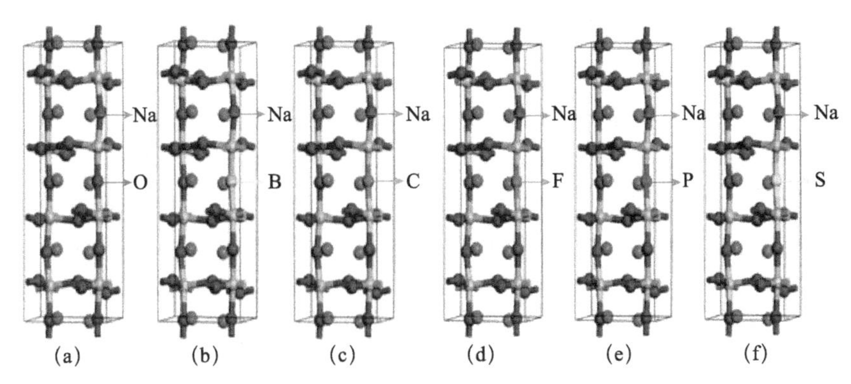

图7.9 计算晶体模型 (a) $Na_8Nb_8O_{24}$、(b) $Na_8Nb_8O_{23}B$、(c) $Na_8Nb_8O_{23}C$、(d) $Na_8Nb_8O_{23}F$、(e) $Na_8Nb_8O_{23}P$ 和 (f) $Na_8Nb_8O_{23}S$

算采用的是B3LYP函数和模守恒赝势。基于Monkhorst-Pack的布里渊区K格点设置为2×1×2，价电子的电子波函数通过平面波基组展开，平面波截断能设置为370eV。为了得到精确的计算结果，在单点能计算前，需要先进行几何优化使总能量和原子力最小化。自洽单原子能量收敛精度为2×10^{-5}eV·atom^{-1}，原子间相互作用力的收敛参数不小于0.05eV·Å^{-1}，晶体内应力不超过0.1GPa，原子间最大位移不超过2×10^{-3}Å。最后，相应的几何优化晶体结构的电子结构在倒易空间中计算。

7.2.2 几何优化

通过几何优化计算得到未掺杂$NaNbO_3$超晶胞晶体结构的优化晶格参数。计算得到未掺杂$NaNbO_3$的几何优化参数为$a=5.622$Å、$b=15.850$Å、$c=5.565$Å，与实验值（$a=5.562$Å、$b=15.549$Å、$c=5.513$Å）符合，这说明计算方法和计算结果是合理、可靠的[13]。然后，通过几何优化分别计算得到了非金属元素（B、C、F、P、S）掺杂$NaNbO_3$的晶格参数，如表7.4所示。在表7.4中，分别列出了掺杂$NaNbO_3$体系中掺杂原子（B、C、F、P、S）相对于未掺杂$NaNbO_3$中O原子位置的原子位移差值。

表7.4 几何优化得到$NaNbO_3$和$NaNbO_{2.875}X_{0.125}$（X=B、C、F、P、S）的晶格参数

	Δx/Å	Δy/Å	Δz/Å	$\Delta\alpha$	$\Delta\beta$	$\Delta\gamma$
$NaNbO_3$	0	0	0	0	0	0
$NaNbO_{2.875}B_{0.125}$	0.024	0.332	0.051	0.539	0.854	1.146
$NaNbO_{2.875}C_{0.125}$	−0.021	0.643	0.004	−0.350	0.440	0.407
$NaNbO_{2.875}F_{0.125}$	−0.005	0.180	0.012	0.142	0.261	0.140
$NaNbO_{2.875}P_{0.125}$	−0.037	1.702	−0.042	−0.137	0.396	0.575
$NaNbO_{2.875}S_{0.125}$	−0.062	1.433	−0.046	0.149	0.234	0.354

7.2.3 电子结构

为了研究掺杂非金属原子对 $NaNbO_3$ 电子结构的影响，采用基于密度泛函理论的第一性原理计算了掺杂体系 $NaNbO_{3-x}X_x$（X＝B、C、N、P、S，x＝0、0.125）的电子结构。在计算掺杂体系的电子结构前，采用不同的密度泛函（如 LDA－CAPZ、GGA－PBE、B3LYP 和 PBE0）计算了 $NaNbO_3$ 的能带值，计算结果如表 7.5 所示。从表 7.5 可以看到，采用 B3LYP 函数计算得到的 $NaNbO_3$（E_g＝3.29eV）带隙值更接近实验值（E_g＝3.40eV）。因此，之后的电子结构计算均采用 B3LYP 函数。

表 7.5 $NaNbO_3$ 的计算能带值对应于 LDA-CAPZ、GGA-PBE、B3LYP、PBE0 密度泛函及其实验值

密度泛函	实验值	LDA-CAPZ	GGA-PBE	B3LYP	PBE0
能带宽度/eV	3.40	1.98	2.03	3.29	3.61

图 7.10 为计算得到的 B、C、F、P、S 掺杂 $NaNbO_3$ 和未掺杂 $NaNbO_3$ 的能带结构图。根据图 7.10（b）[（c）]，计算得到 $NaNbO_{2.875}B_{0.125}$（$NaNbO_{2.875}C_{0.125}$）的带隙值为 3.38eV［3.31eV］，比计算得到的 $NaNbO_3$ 带隙值略大 0.09eV（0.02eV），可以近似认为 B（C）掺杂对 $NaNbO_3$ 的能带宽度基本没有影响，但其禁带中出现了局域能级，这使得电子跃迁能减小，促进光吸收谱发生红移。F 掺杂后（图 7.10（d）），导带大幅度下移 3.33eV，同时价带下移 3.15eV，计算得到 $NaNbO_{2.875}F_{0.125}$ 的禁带宽度为 3.11eV。虽然可以看到有 F 2p 电子轨道存在于价带顶，但与 O 2p 电子轨道相互作用不大。因此，与计算得到的 $NaNbO_3$ 带隙值相比，禁带宽度虽然变窄，但改变很小。图 7.10（e）显示，P 掺杂后，在导带底和价带顶之间形成了两条 P 3p 杂质能级，其中一条距离价带顶较远，而另一条距离导带底较远。并且导带和价带均大幅下移，其中导带下移 1.85eV，价带下移 1.55eV，计算得到 $NaNbO_{2.875}P_{0.125}$ 的能带值为 2.99eV，比 $NaNbO_3$ 带隙值小 0.30eV。由图 7.10（f）可知，S 掺杂 $NaNbO_3$ 的禁带宽度明显小于未掺杂 $NaNbO_3$ 的禁带宽度。S 掺杂后，导带和价带分别下移了 0.7eV 和 0.14eV，带隙值为 2.74eV，比未掺杂 $NaNbO_3$（3.29eV）的计算值小 0.55eV，这一计算结果与 Umebayashi 等报道的 S 掺杂 TiO_2 计算结果一致[14]。他们通过实验和第一性原理计算发现 S 掺杂 TiO_2 后，其带隙值比未掺杂 TiO_2 的带隙值小，这是由于 S 3p 轨道与 O 2p 轨道发生杂化导致 TiO_2 带隙变窄，进而使其吸收光谱发生红移效应。

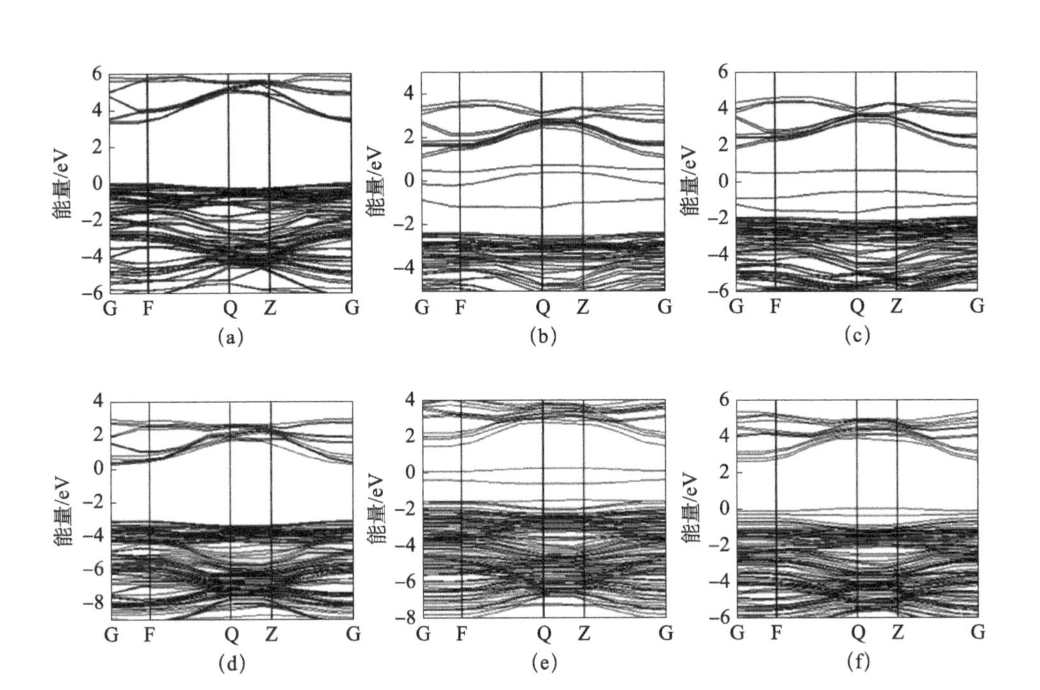

图 7.10　能带结构图 (a) $NaNbO_3$，(b) $NaNbO_{2.875}B_{0.125}$，(c) $NaNbO_{2.875}C_{0.125}$，(d) $NaNbO_{2.875}F_{0.125}$，(e) $NaNbO_{2.875}P_{0.125}$，(f) $NaNbO_{2.875}S_{0.125}$

为了更好地研究分析 B、C、F、P 元素作为掺杂离子对 $NaNbO_3$ 电子结构的影响，将计算得到的 B、C、F、P 掺杂 $NaNbO_3$ 结果与先前报道的 TiO_2 掺杂体系的计算结果进行了对比。根据上述能带结构图，发现 B、C、F 和 P 掺杂 $NaNbO_3$ 的带隙中都出现了杂质能级，分别与 B、C、F 和 P 掺杂 TiO_2 体系的计算结果一致[15-20]。掺杂离子的 p 轨道能级与 O 的 p 轨道能级不同，可能是带隙中形成局域能级的主要原因。表 7.6 为计算得到的掺杂体系 B、C、F、P、S 掺杂 $NaNbO_3$ 和未掺杂 $NaNbO_3$ 的带隙值，通过“剪刀算符”修正得到的带隙值，剪刀差为 0.11eV（实验值与计算值之差）。从表中得知，计算得到的 B、C、F、P 掺杂 $NaNbO_3$ 的带隙值分别为 3.38eV、3.31eV、3.11eV、2.99eV。基于上述计算结果，发现掺杂 B 或 C 后，$NaNbO_3$ 的带隙几乎没有变窄，这是因为 B 或 C 的 p 轨道没有与 O 2p 轨道发生杂化。F 或 P 掺杂 $NaNbO_3$ 后，其带隙稍微变窄，而 S 掺杂 $NaNbO_3$ 后，与上述其他非金属元素掺杂对比，其带隙变窄且值最小。

表 7.6 B、C、F、P、S 掺杂 $NaNbO_3$ 的带隙值（“剪刀算符”0.11eV）

	掺杂浓度/at%	带隙/eV	“剪刀算符”处理/(0.11eV)	Δ/eV
$NaNbO_3$	0.0	3.29	3.40	0.0
B-$NaNbO_3$	4.167	3.38	3.49	0.09
C-$NaNbO_3$	4.167	3.31	3.42	0.0
F-$NaNbO_3$	4.167	3.11	3.22	0.18
P-$NaNbO_3$	4.167	2.99	3.10	0.30
S-$NaNbO_3$	4.167	2.74	2.85	0.55

关于不同非金属元素掺杂后 $NaNbO_3$ 带隙变化情况给出了一个直观的描述。接下来，将根据计算得到的非金属元素掺杂 $NaNbO_3$ 体系的局域态密度，详细清楚地描述各种非金属元素的电子轨道对局域态密度的贡献。图 7.11 是计算得到的未掺杂 $NaNbO_3$ 和 B、C、F、P、S 掺杂 $NaNbO_3$ 的局域态密度图。通过图 7.11（a）可知，未掺杂 $NaNbO_3$ 的价带顶主要由 O 2p 轨道组成，而其导带底主要由 Nb 4d 轨道组成。B 掺杂后（图 7.11（b）），$NaNbO_{2.875}B_{0.125}$ 的价带顶和导带底之间形成了 B 2p 局域能级，其中两条接近 Nb 4d 轨道能级（导带底），一条靠近 O 2p 轨道能级（价带顶），且这三条局域能级是相互独立的，这使 $NaNbO_3$ 掺杂后可以吸收可见光。C 掺杂后（图 7.11（c）），$NaNbO_{2.875}C_{0.125}$ 的价带顶和导带底之间形成了 C 2p 局域能级。根据电子能带结构理论可知，形成接近导带底的杂质能级的掺杂属于 n 型掺杂，n 型掺杂施主是电子，而形成临近价带顶的杂质能级的掺杂属于 p 型掺杂，p 型掺杂的施主是空穴，说明 C 掺杂 $NaNbO_3$ 中 C 是以不同的正负化合价参与电子结构组成，引入的杂质能级是相互独立的。这使得电子更易从价带跃迁至杂质能级，再从杂质能级跃迁至导带，进而使 $NaNbO_3$ 更容易实现可见光响应。从图 7.11（d）可以看出，$NaNbO_{2.875}F_{0.125}$ 的态密度曲线整体向左移动，价带和导带大幅下移，且导带下移幅度大于价带，这说明 F 掺杂 $NaNbO_3$ 的导带具有更强的还原能力，使得光催化效率提高。且 F 掺杂后，F 2p 轨道能级存在于价带顶，但与 O 2p 轨道能级相互作用不大。图 7.11（e）中，P 掺杂 $NaNbO_3$ 的价带顶和导带底之间出现了两条 P 3p 杂质能级，使价带上的电子可以通过杂质能级更容易跃迁到导带，实现可见光响应。S 掺杂 $NaNbO_3$ 后（图 7.11（f）），S 3p 轨道与 O 2p 轨道发生杂化，导致价带宽度变宽，带隙变窄，进而使 $NaNbO_3$ 实现可见光响应。

基于上述电子结构的分析，可以得出以下结论：对于 B、C 掺杂 $NaNbO_3$，由于 B 2p、C 2p 轨道都没有与 O 2p 轨道发生杂化，因此 $NaNbO_{2.875}X_{0.125}$（X= B、C）的带隙变化很小。F 或 P 掺杂后，由于 F 2p 电子轨道或 P 3p 电子轨道与 O 2p 电子轨道发生部分杂化，$NaNbO_{2.875}X_{0.125}$（X= F、P）的带隙宽度稍微

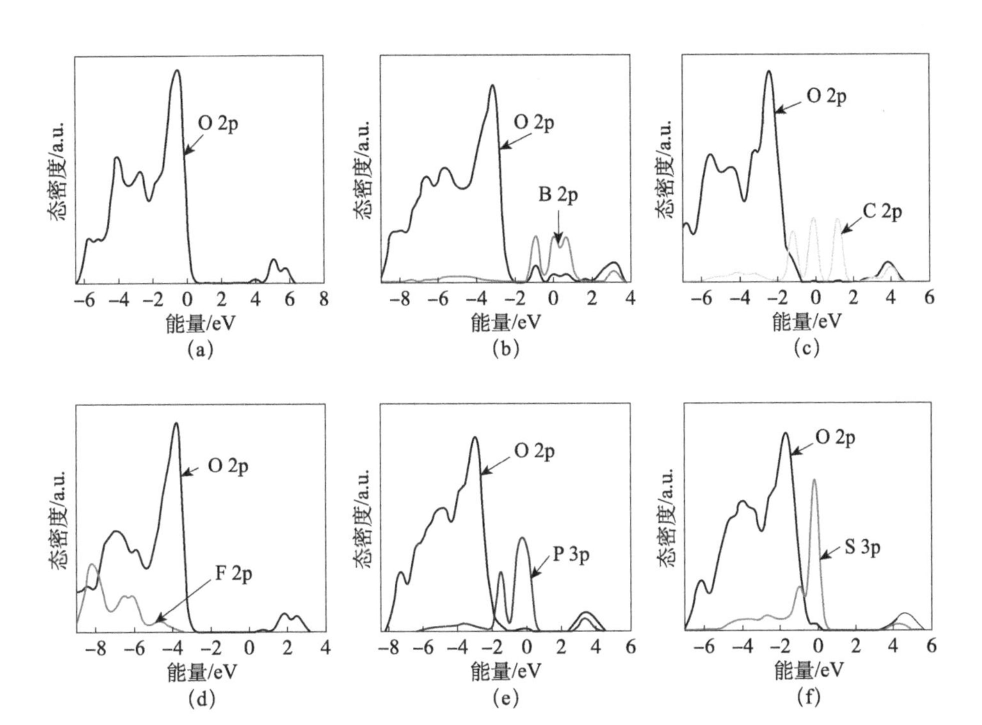

图 7.11　局域态密度图（a）$NaNbO_3$，（b）$NaNbO_{2.875}B_{0.125}$，（c）$NaNbO_{2.875}C_{0.125}$，（d）$NaNbO_{2.875}F_{0.125}$，（e）$NaNbO_{2.875}P_{0.125}$，（f）$NaNbO_{2.875}S_{0.125}$

变窄。而 S 掺杂 $NaNbO_3$后，由于 S 3p 电子轨道与 O 2p 电子轨道完全发生杂化，$NaNbO_{2.875}S_{0.125}$的带隙宽度变窄。能带结构计算结果与态密度计算结果一致。

7.2.4　能带结构示意图

为了研究非金属离子掺杂对 $NaNbO_3$光催化性能的影响，运用 7.1.2 节中所介绍的电极电势公式（式（7.1））来计算掺杂前后 $NaNbO_3$的能带边缘位置。对于氢标准能级，计算得到 $E_{VB}=2.62eV$，比 O_2/H_2O（1.23eV）氧化电极电势高；$E_{CB}=-0.78eV$，比 H^+/H_2（0eV）还原电极电势高。根据式（7.1），计算并得到 B、C、F、P、S 掺杂 $NaNbO_3$和未掺杂 $NaNbO_3$的能带边缘位置，结果如图 7.12 所示。根据不同杂质能级的相对位置，将掺杂元素对 $NaNbO_3$带隙的影响归纳如下：B 掺杂后，形成的杂质能级位于导带底下方，离价带较远；C 掺杂后，形成的杂质能级中一条靠近导带底，一条靠近价带顶；F 掺杂后，在价带顶出现了与 O 2p 轨道混合的杂质能级；P 掺杂后，形成的杂质能级位于导带和价带中间位置；S 掺杂后，杂质能级与价带杂化，使 VB 宽度增加。综上可见 S 掺杂是单一非金属元素掺杂 $NaNbO_3$最好的选择，而 B、C 或 P 掺杂均在

$NaNbO_3$带隙中形成了杂质能级，可能更适合应用于共掺杂$NaNbO_3$[21]。

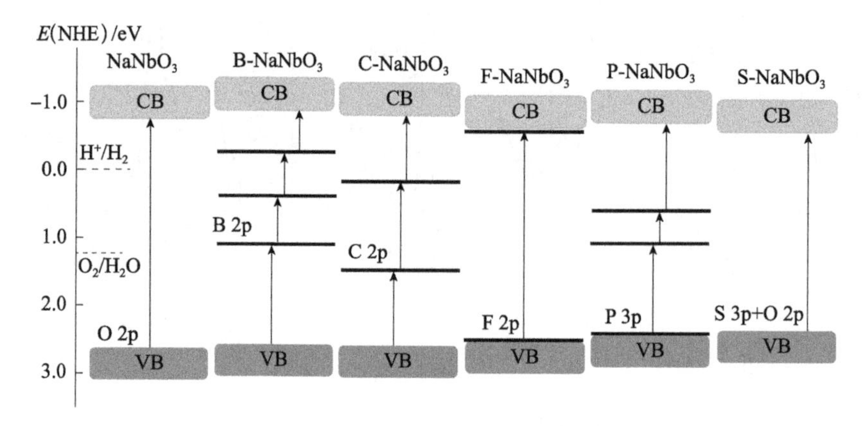

图 7.12　计算得到 B、C、F、P 或 S 单掺杂$NaNbO_3$体系与未掺杂$NaNbO_3$实验值的导带(CB)底与价带(VB)顶的电极电势示意图

7.3　氮掺杂浓度对铌酸钠电子结构的影响

前面介绍了 B、C、F、P、S 掺杂$NaNbO_3$的电子结构，并对计算结果进行了探讨，发现 B、C、P、S 掺杂均能使$NaNbO_3$光吸收带边发生红移效应，可以实现可见光响应。之前研究的是同一浓度不同非金属元素掺杂对$NaNbO_3$电子结构的影响，为了进一步研究掺杂离子浓度对$NaNbO_3$电子结构的影响，接下来计算了不同浓度 N 掺杂$NaNbO_3$的电子结构。然而，有关计算不同浓度 N 掺杂$NaNbO_3$的电子结构的研究还未深入，同时 N 掺杂$NaNbO_3$可见光催化活性的原因仍不清楚。基于密度泛函理论，计算不同浓度 N 掺杂$NaNbO_3$和未掺杂$NaNbO_3$的电子结构，为制备可见光响应型 N 掺杂的三元金属氧化物提供有用的信息[22]。

7.3.1　计算模型与方法

本小节计算模型采用的是$NaNbO_3$超晶胞结构，包含 40 个原子($8NaNbO_3$)。$NaNbO_{3-x}N_x$体系的x值有 0.0625、0.125、0.25 和 0.375，相对应的 N 掺杂浓度分别为 2.08at%、4.17at%、8.33at%和 12.5at%。如图 7.13 所示，晶体结构由共顶点 O 原子、孤立的 Na 原子和NbO_6八面体组成。在NbO_6八面体中 O 原子以一定的比例占据 4 个位置，分别为 $1/6O_1$、$1/6O_2$、$1/3O_3$、$1/3O_4$原子。

我们采用平面波基矢描述电子波函数，在倒易k空间中，平面波截断能设

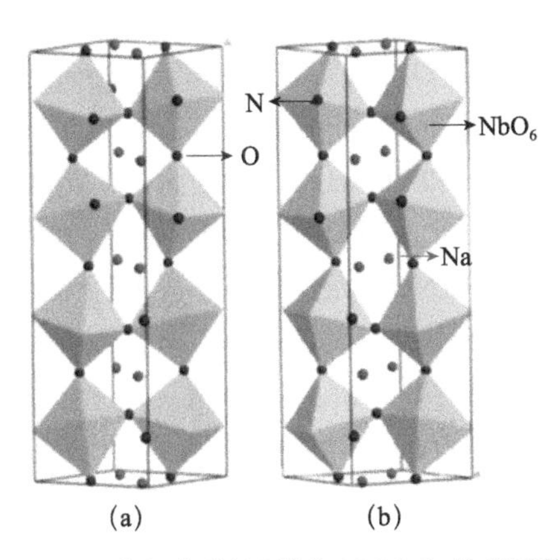

图7.13 (a)$NaNbO_3$和(b)N掺杂$NaNbO_3$的多面体晶体模型

置为370eV。使用超软赝势和GGA-PBE分别描述离子实与价电子之间的相互作用和电子间的交换关联势。Monkhorst-Pack的布里渊区K格点设置为3×3×1。

7.3.2 几何优化

为了得到稳定精确的计算结果，先对晶胞进行几何优化，使总能量和原子力最小化。整个计算过程中几何优化参数包括以下四个：单原子能量、原子间的相互作用力、原子的最大位移和晶体内应力。收敛标准分别设置为：5×10^{-5} eV·atom^{-1}、0.1eV·Å^{-1}、5×10^{-4}nm、0.2GPa。基于相应的几何优化晶体结构，计算了不同浓度N掺杂$NaNbO_3$的电子结构和形成能。

表7.7是几何优化计算得到的$NaNbO_3$和$NaNbO_{3-x}N_x$（x=0.125）优化超晶胞的晶格参数。未掺杂$NaNbO_3$的优化晶体参数：a=5.5780Å、b=5.6580Å、c=15.5634Å，与实验值相符合：a=5.5138Å、b=5.5625Å、c=15.5495Å，这说明计算方法合理，计算结果可靠。由表7.7可知，在N掺杂后$NaNbO_{3-x}N_x$（x=0.125）的晶格参数略微增大，从而导致晶胞体积变大。这是因为N^{3-}（1.71Å）的半径比O^{2-}（1.40Å）的半径要大。

表7.7 计算得到$NaNbO_3$和$NaNbO_{2.875}N_{0.125}$的晶格参数

	a	b	c	α	β	γ
$NaNbO_3$	5.5780	5.6580	15.5634	90.0000	90.0000	90.0000
$NaNbO_{2.875}N_{0.125}$	5.5807	5.6589	15.6302	90.0406	89.9886	89.6555
差异/%	0.05	0.02	0.43	0.05	0.01	0.38

为了探讨将不同离子掺杂进入晶格的相应难度，通过以下公式计算掺杂形成能：

$$E_f = E_{N\text{-doped}} - (E_{undoped} - \mu_O + \mu_N) \tag{7.4}$$

式中，$E_{undoped}$和$E_{N\text{-}doped}$分别是未掺杂 $NaNbO_3$和 N 掺杂 $NaNbO_3$的总能量；μ_O和μ_N是 O 原子和 N 原子分别从 O_2分子和 N_2分子能量中分离的能量。同时，计算得到与 $NaNbO_{3-x}N_x$（x=0.0625、0.125、0.25 和 0.375）相对应的 E_f分别为 4.12eV、7.80eV、18.32eV 和 26.01eV，说明 N 掺杂形成能为正值，并且随着 N 掺杂浓度的增加而增大。因为 N 掺杂浓度越高得到的形成能越大，所以在实验方面制备高浓度 N 掺杂 $NaNbO_3$光催化材料比较困难。

7.3.3 电子结构

图 7.14 是不同 N 掺杂浓度的 $NaNbO_3$的带隙值和电子能带结构示意图。当 x=0.0625 和 0.125 时，N-$NaNbO_3$的导带位置几乎没什么变化，与计算N-TiO_2所得到的结果相同，即 N 掺杂 TiO_2后其导带位置仍然没有发生改变[19]。但是，与未掺杂 $NaNbO_3$相比较，N 掺杂后，在价带顶（O 2p）形成了 N 2p 局域能级。当 x=0.25 和 0.375 时，N-$NaNbO_3$的导带底稍微向下移动，而价带位置发生上移。也就是说，增加 N 掺杂浓度可以使 $NaNbO_3$吸收光谱发生红移。

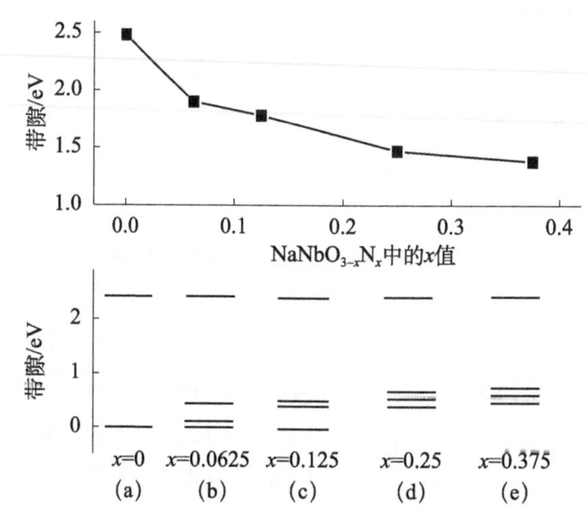

图 7.14 计算得到的 $NaNbO_3$和不同 N 掺杂浓度 $NaNbO_{3-x}N_x$的能带值和电子能带示意图

图 7.15 是计算得到 $NaNbO_3$和 N 掺杂 $NaNbO_3$的能带结构对比图。如图 7.15（a）所示，$NaNbO_3$的价带顶位于临近第一布里渊区的 G 点，而其导带底位于 G 点，这说明 $NaNbO_3$是一种间接带隙半导体材料。通常情况下，与间接带隙半导体材料相比较，直接带隙半导体材料的光生电子-空穴对更容易分离和迁移，同时，光生电荷的复合率也相应增加。E 和 v 之间的关系由公式 $v=\nabla_k E(k)/\hbar$ 给出，式中，v 是电子的速度，E 是电子的能量。如果 $\nabla_k E(k)$ 很小，即能带的色散相对较弱或较平，那么 v 将很小。在目前情况下，计算得到

$NaNbO_3$的价带和导带是陡峭的，表明在$NaNbO_3$中电荷载流子的迁移率很高，这将有利于增强其光催化性能。对于$NaNbO_{2.875}N_{0.125}$，从图7.15（b）可以看出，其导带边缘位置几乎没有变化，在价带顶上形成了N 2p局域能级，导致电子跃迁能减小约0.7eV。N掺杂$NaNbO_3$的实验结果表明，观察到有两个光吸收边缘，分别在365nm和480nm处，其N掺杂浓度与计算的N（x=0.125）掺杂浓度非常接近[23]。通过公式$E_g=1240/\lambda$计算得到吸收边缘相对应的能带值，分别为约3.40eV和2.58eV。这两个能带值相差约0.82eV，与实验值相比，这种差值可能是由于DFT计算的局限性或者是实验过程中一些未知因素导致的。因此，计算得到的能带变化趋势同实验得到的结果一致，说明计算结果是可信的。与图7.15（a），（b）相比，图7.15（c）表明，随着N掺杂浓度的增加，N 2p轨道开始与$NaNbO_3$的价带顶发生杂化，导致N-$NaNbO_3$的带隙明显变窄。

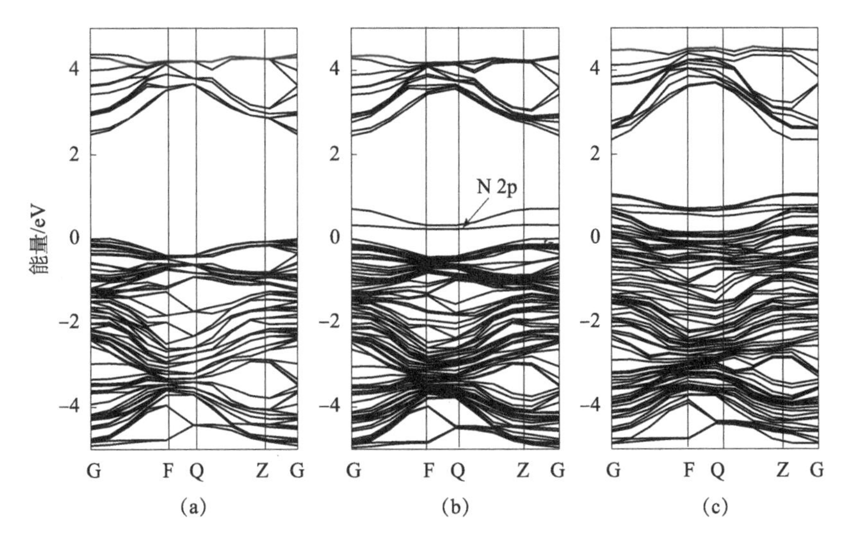

图7.15　计算得到（a）$NaNbO_3$，（b）$NaNbO_{2.875}N_{0.125}$，（c）$NaNbO_{2.75}N_{0.25}$的能带结构图

$NaNbO_3$的导带主要由Nb 4d轨道组成，其价带主要由O 2p轨道构成，这与先前计算的结果相同[22]。为了说明N掺杂后的变化主要是由价带而不是导带引起的，计算了$NaNbO_3$和$NaNbO_{3-x}N_x$中O原子和N原子的局部态密度（PDOS），如图7.16所示。当x=0.125，即$NaNbO_{3-x}N_x$为$NaNbO_{2.875}N_{0.125}$时，其O 2p轨道上大约0.7eV处出现了N 2p轨道，这可以使吸收光谱发生红移。当N掺杂浓度增加（x=0.25）时，$NaNbO_{2.75}N_{0.25}$的价带边缘形成了比$NaNbO_{2.875}N_{0.125}$更多的N 2p轨道，此时，N 2p轨道开始与O 2p轨道发生杂化。可以发现，随着N掺杂浓度的增加，N掺杂$NaNbO_3$的带隙将变窄。

基于上述计算结果提出了两种有关N掺杂$NaNbO_3$体系实现吸收光谱发生

红移现象的机制：(1) 在 N 掺杂浓度较低（≤4.17at%）时，N 原子替代 O 原子导致在价带以上形成了 N 2p 局域能级，进一步导致其吸收光谱发生红移；(2) 在 N 掺杂浓度较高（≥8.33at%）时，N 原子替代 O 原子后，由于 N 2p 轨道和 O 2p 轨道发生杂化，导致 $NaNbO_3$ 带隙减小，从而使电子从价带跃迁到导带所需要的光子能量变低。

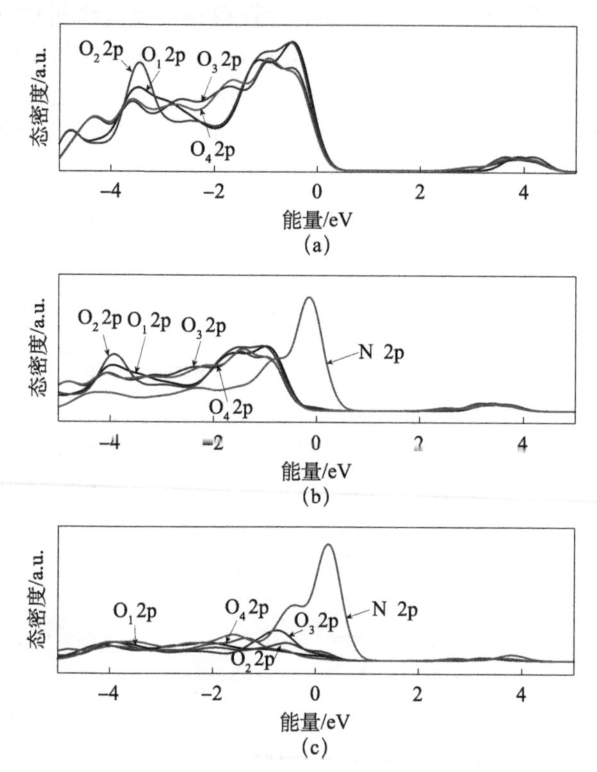

图 7.16 (a) $NaNbO_3$，(b) $NaNbO_{2.875}N_{0.125}$，
(c) $NaNbO_{2.75}N_{0.25}$ 的局域态密度图

7.3.4 能带结构示意图

光催化材料的价带和导带电极电势在光催化氧化和还原反应过程中发挥着重要的作用。也就是说，施主的电极电势应该比光催化材料的价带位置更负或在光催化材料的价带位置之上，而受主相应的电极电势应该比光催化材料的导带位置更正或在光催化材料的导带位置之下[24,25]。在 7.2.3 节中，介绍了如何运用有关 Mulliken 电负性和半导体带隙的公式（式 (7.1)）从理论上推测 $NaNbO_3$ 的能带边缘位置。对于真空能级，$E_{CB}=3.73eV$，比 $O_2/O_2^{\cdot-}$（4.454eV）的位置高，从带隙可以得到价带边缘位置为 7.13eV。对于 N 掺杂浓度（≤4.17at%）较低的

$NaNbO_3$体系，N 2p 轨道位于临近 6.43eV 处，这是因为形成的 N 2p 局域能级位于 O 2p 轨道（计算得到的结果）以上约 0.7eV 处。众所周知，活性过氧化氢（H_2O_2）具有很强的氧化电势（6.27eV），可以氧化许多有机化合物。将以上计算得到的 $NaNbO_3$和 N 掺杂 $NaNbO_3$的能带整理后得到如图 7.17 所示的结构示意图。在此，采用“剪刀算符”对能带值进行了修正处理。

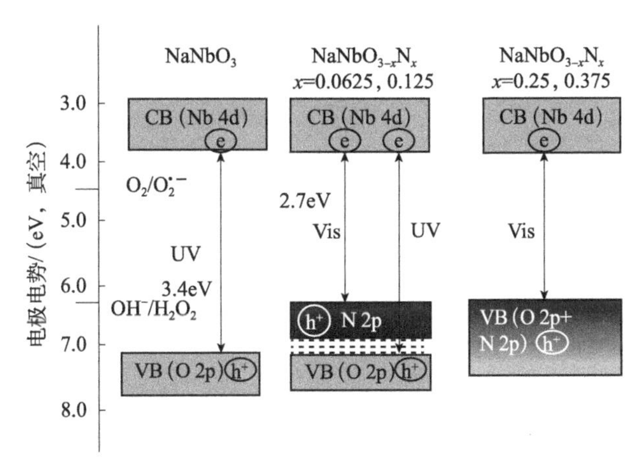

图 7.17　计算得到 $NaNbO_3$和 N 掺杂 $NaNbO_3$对应于真空能级(eV)的导带和价带的电极电势示意图

根据上述能带的电极电势，N 掺杂 $NaNbO_3$作为光催化剂进行光催化氧化有机物的基本过程通常包括以下三个：（1）在光照条件下，光生电子从价带跃迁到导带；（2）导带上的电子和价带上的空穴分别与半导体表面吸附的 O_2和 OH^-发生反应，形成 $O_2^{\cdot-}$ 和 H_2O_2；（3）这些氧化物种将氧化气态 IPA 生成丙酮和二氧化碳。

本章介绍了非金属元素掺杂 $NaNbO_3$的电子结构，基于计算结果，分析讨论了不同非金属元素掺杂对 $NaNbO_3$电子结构的影响，并重点探讨了 N 掺杂浓度对 $NaNbO_3$电子结构的影响。结果表明，S 掺杂后，S 3p 轨道与 O 2p 轨道发生杂化，导致价带顶位置上移，带隙变窄，且带隙值最小。F 掺杂对 $NaNbO_3$带隙影响不明显，其他非金属元素掺杂后，均在 $NaNbO_3$带隙中形成了杂质能级。N 掺杂浓度不同，对 $NaNbO_3$的电子结构有所不同的影响。当 N 掺杂量≤4.17at%时，在价带顶以上形成 N 2p 局域能级，使 $NaNbO_3$实现可见光响应；当 N 掺杂量≥8.33at%时，N 2p 轨道与 O 2p 轨道发生杂化，导致价带顶上移，使 $NaNbO_3$实现可见光响应。因此，本章采用以密度泛函理论为基础的第一性原理方法，计算了金属掺杂或非金属掺杂、金属-金属共掺杂和金属-非金属共掺杂 $NaNbO_3$的电子结构，分别讨论分析了这些掺杂对 $NaNbO_3$电子结构的影响，并提出了 $NaNbO_3$实现可见光响应的不同机理。

参考文献

[1] Li P，Ouyang S X，Xi G C，et al. The effects of crystal structure and electronic structure on photocatalytic H_2 evolution and CO_2 reduction over two phases of perovskite-structured $NaNbO_3$. J. Phys. Chem. C，2012，116 (14)：7621-7628.

[2] Shi H，Chen G，Zhang C，et al. Polymeric g-C_3N_4 coupled with $NaNbO_3$ nanowires toward enhanced photocatalytic reduction of CO_2 into renewable fuel. ACS Catal.，2014，4 (10)：3637-3643.

[3] Liu Q Q，Chai Y Y，Zhang L，et al. Highly efficient Pt/$NaNbO_3$ nanowire photocatalyst：its morphology effect and application in water purification and H_2 production. Appl. Catal. B：Environ.，2017，205：505-513.

[4] Shi H，Lu M，Lan B，et al. Effects of (Mo/W，N) codoping on electronic structures of $NaNbO_3$ based on hybrid density functional calculations. Mod. Phys. Lett. B，2018，32 (4)：1850043.

[5] Reszczyńska J，Grzyb T，Sobczak J W，et al. Visible light activity of rare earth metal doped (Er^{3+}，Yb^{3+} or Er^{3+}/Yb^{3+}) titania photocatalysts. Appl. Catal. B-Environ.，2015，163：40-49.

[6] Devi L G，Kavitha R. A review on plasmonic metal-TiO_2 composite for generation，trapping，storing and dynamic vectorial transfer of photogenerated electrons across the Schottky junction in a photocatalytic system. Appl. Sur. Sci，2016，360 (5400)：601-622.

[7] Yan X，Xue C，Yang B，et al. Novel three-dimensionally ordered macroporous Fe^{3+}-doped TiO_2 photocatalysts for H_2 production and degradation applications. Appl. Sur. Sci.，2017，394：248-257.

[8] Zhou X，Shi J，Li C. Effect of metal doping on electronic structure and visible light absorption of $SrTiO_3$ and $NaTaO_3$ (metal = Mn，Fe，and Co). J. Phys. Chem. C，2011：8305-8311.

[9] Park H S，Kweon K E，Ye H，et al. Factors in the metal doping of $BiVO_4$ for improved photoelectrocatalytic activity as studied by scanning electrochemical microscopy and first-principles density-functional calculation. J. Phys. Chem. C，2015，115 (36)：17870-17879.

[10] Chen H C，Huang C W，Wu J C S，et al. Theoretical investigation of the metal-doped $SrTiO_3$ photocatalysts for water splitting. J. Phys. Chem. C，2012，116 (14)：7897-7903.

[11] Qu X，Lu S，Jia D，et al. First-principles study of the electronic structure of Al and Sn co-doping ZnO system. Mater. Sci. Semicond. Process.，2013，16 (4)：1057-1062.

[12] Cohen A J，Mori-Snchez P，Yang W. Insights into current limitations of density functional theory. Science，2008，321 (5890)：792-794.

[13] Xu H W，Su Y L，Balmer M L，et al. A new series of oxygen-deficient perovskites in the

$NaTi_xNb_{1-x}O_{3-0.5x}$ system: synthesis, crystal chemistry, and energetics. Chem. Mater., 2003, 15 (9): 1872-1878.
[14] Umebayashi T, Yamaki T, Itoh H, et al. Band gap narrowing of titanium dioxide by sulfur doping. Appl. Phys. Lett., 2002, 81 (3): 454-456.
[15] Kong M, Li Y, Chen X, et al. Tuning the relative concentration ratio of bulk defects to surface defects in TiO_2 nanocrystals leads to high photocatalytic efficiency. J. Am. Chem. Soc., 2011, 133 (41): 16414-16417.
[16] Cristiana Di Valentin, Gianfranco Pacchioni, Selloni A. Theory of carbon doping of titanium dioxide. Chem. Mater., 2005, 17 (26): 6656-6665.
[17] Yu J, Dai G, Xiang Q, et al. Fabrication and enhanced visible-light photocatalytic activity of carbon self-doped TiO_2 sheets with exposed {001} facets. J. Mater. Chem., 2011, 21 (4): 1049-1057.
[18] 郑树凯，吴国浩，刘磊，等. Zn掺杂锐钛矿相TiO_2电子结构的第一性原理计算. 稀有金属与硬质合金，2013，4：42-46.
[19] Yang K, Dai Y, Huang B. Understanding photocatalytic activity of S-and P-doped TiO_2 under visible light from first-principles. J. Phys. Chem. C, 2007, 111 (51): 18985-18994.
[20] Lei L, Meng F, Hu X, et al. TiO_2 band restructuring by B and P dopants. PLOS ONE, 2016, 11 (4): e0152726.
[21] Zhang C, Jia Y, Jing Y, et al. Effect of non-metal elements (B, C, N, F, P, S) mono-doping as anions on electronic structure of $SrTiO_3$. Comp. Mater. Sci., 2013, 79: 69-74.
[22] Shi H F, Lan B Y, Zhang C L, et al. Nitrogen doping concentration influence on $NaNbO_3$ from first-principle calculations. J. Phys. Chem. Solids, 2014, 75 (1): 74-78.
[23] Shi H F, Li X K, Iwai H, et al. 2-propanol photodegradation over nitrogen-doped $NaNbO_3$ powders under visible-light irradiation. J. Phys. Chem. Solids, 2009, 70 (6): 931-935.
[24] Linsebigler A L, Lu G, Yates J T. Photocatalysis on TiO_2 surfaces: principles, mechanisms, and selected results. Chem. Rev., 1995, 95 (3): 735-758.
[25] Modak B, Modak P, Ghosh S K. Improving visible light photocatalytic activity of $NaNbO_3$: a DFT based investigation. RSC Adv., 2016, 6: 90188-90196.

补充：基本概念

1. 密度泛函理论

密度泛函理论（density functional theory，DFT）是一种通过电子密度研究多电子体系电子结构的量子力学方法。

量子力学表明，微观粒子的运动遵循 Schrödinger 方程，Schrödinger 方程可以写成其基本形式和定态 Schrödinger 方程形式。多粒子体系的定态

Schrödinger 方程，其哈密顿量（Hamiltonian）包括：电子自身的动能，核自身的动能，电子间的库仑相互作用能，核之间的相互作用能，电子与核之间的相互作用能。考虑到原子核的质量远大于电子质量，采用 Born-Oppenheimer 近似，Schrödinger 方程可表示成

$$\hat{H}\Psi = (\hat{T}+\hat{U}+\hat{V})\Psi = E\Psi H \tag{7.5}$$

式中，T 是动能；V 是外电场势能；U 是电子间相互作用[1]。

对一个电子数为 N 的多粒子体系而言，由于每个电子有三个空间坐标，则其 Schrödinger 方程包含 $3N$ 个变量，巨大的运算量使得求解非常困难。Hohenberg-Kohn（H-K）定理的提出改变了这一窘境。H-K 第一定理指出体系的基态能量仅仅是电子密度的泛函。这意味着 Schrödinger 方程的基态能量可以用电子密度表示，其自由度从 $3N$ 下降到了 3，极大地降低了运算复杂性。H-K 第二定理表明使得体系基态能量最小的电子密度是体系的真实电子密度，即密度函数的变分原理[2]。

虽然电子密度和基态能量具有一一对应的关系，但并没有给出两者之间的泛函形式。1965 年，Kohn 和 Sham 采用分离的、无相互作用的泛函来代替全体系的、有相互作用的泛函，再将所有误差都用一项称之为交换关联泛函的 E_{XC} 来表示[3]。

根据 H-K 定理，波函数 Ψ 和能量 E 等其他量子力学性质均是电子密度 n 的函数。则总能量为

$$E(n)= \Psi^*(n)\hat{H}\Psi(n) = \Psi^*(n)(\hat{T}+\hat{U}+\hat{V})\Psi(n) \tag{7.6}$$

$$n = n(r)= N\int \mathrm{d}r_1\cdots\int \mathrm{d}r_N \Psi^*(r_1,r_2,\cdots,r_N)\Psi(r_1,r_2,\cdots,r_N) \tag{7.7}$$

若忽略电子间相互作用，则动能可近似表示为

$$T(n) \approx T_s(n) = -\frac{\hbar^2}{2m}\sum_{i=1}^{N}\int \mathrm{d}^3 r\, \phi_i^*(r)\, \nabla^2 \phi_i(r) \tag{7.8}$$

式中，ϕ_i 为第 i 个单电子轨道。

根据 Thomas-Fermi 模型，电子间相互作用可近似表示为

$$U(n) = U_H(n) = \frac{e^2}{2}\int \mathrm{d}r\int \mathrm{d}r' \frac{n(r)\, n(r)'}{|r-r'|} \tag{7.9}$$

外电场势能为

$$V(n)= \int V(r)n(r)\mathrm{d}r$$

则总能量的近似值为

$$E_{\mathrm{approx}}(n) = T_s(n) + U_H(n) + V(n) \tag{7.10}$$

从而，多粒子体系的总能量可表示为

$$E(n) = T_s(n) + U_H(n) + V(n) + E_{XC}(n) \tag{7.11}$$

$$E_{XC}(n) = (T - T_s) + (U - U_H) \tag{7.12}$$

我们将 E_{XC}称之为交换-关联能，它包含了所有误差和未知效应[4]。目前，关于交换-关联能的计算有很多近似方法，包括局域密度近似（local density approximation，LDA），广义梯度近似（generalized gradient approximation，GGA），含动能密度的广义梯度近似（meta-GGA），杂化泛函（hybrid functionals）。

尽管密度泛函理论已经成为物理、化学、材料等研究领域的基础工具之一，但基于 DFT 的计算结果与真实结果间存在着固有误差，这是因为交换-关联泛函并非十分精确。

参考文献

[1] Sholl D S，Steckel J A. Density Functional Theory. 李健，周勇，译．北京：国防工业出版社，2014.

[2] Hohenberg P，Kohn W. Phys. Rev.，1964，136：B864.

[3] Kohn W，Sham L J. Phys. Rev.，1965，140：A1133.

[4] Kieron Burke. The ABC of DFT. http://chem. ps. uci. edu/~kieron/dft/book.

2. 能带结构

自由原子的电子占据原子轨道，形成分立的能级结构。晶体是由大量的原子有序堆积而成的。由于各原子间的相互作用，大量分子轨道的能级之间靠得很近，形成了能带。半导体材料的能带结构（又称电子能带结构）由多条能带组成，能带主要分为导带、价带和禁带。如图 7.18 所示，电子填满了一些能量较低的能带，称为满带；最上面的低能满带，称为价带（valence band，VB）。价带上方存在着一些空带，最下面的高能空带称为导带（conduction band，CB）。价带和导带之间的带隙称为禁带（band gap），禁带宽度用 E_g 表示，代表了导带底和价带顶之间的能量差值[1]。一般，半导体的 $E_g < 3.0\text{eV}$。

在一定光照下，部分电子被激发从价带跃迁至导带，使得导带有电子，价带留下空穴。导带上的电子和价带上的空穴分别具有还原性和氧化性，从而表现出相应的氧化还原电势。通常，相对于标准氢电极电位或真空能级的带边位置用于表示半导体材料的氧化还原能力。导带电势越负，还原性越强；价带电势越正，氧化性越强。带边位置可以根据以下公式计算：

$$E_{VB} = \chi + 0.5 E_g - E_e \tag{7.13}$$

$$E_{CB} = \chi - 0.5 E_g - E_e \tag{7.14}$$

式中，E_{VB}和 E_{CB}是价带顶和导带底的电势；$\chi = \sqrt[n]{\chi_1 \chi_2 \chi_3 \cdots \chi_n}$ 是组成原子的 Mulliken 电负性的平均值；E_e(=4.5eV) 是氢原子表面电子的自由能[2]。

对于理想半导体而言，禁带中不存在电子状态。在实际半导体中，由于杂质和缺陷的存在导致禁带中产生陷阱，可以捕获电子和空穴，形成局域电子态。

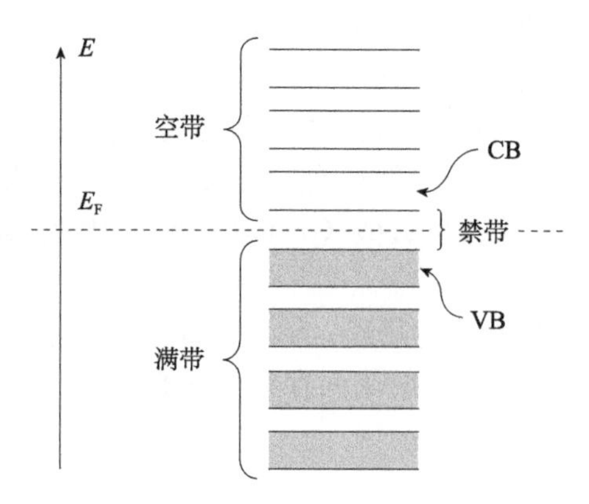

图 7.18　电子能带结构示意图（图片来源于维基百科）

根据深度的不同，可将陷阱分为浅层陷阱和深层陷阱。浅层陷阱会短暂地捕获电子，然后将其释放，从而增加电子和空穴的分离效率；而深层陷阱则会捕获电子和空穴，形成复合中心，增大了电子和空穴的复合效率。此外，当周期性的晶体表面遭到破坏时，禁带中会出现表面态能级[3]。

参考文献

[1] 黄昆．固体物理学．北京：人民教育出版社，1966：325.

[2] Shi H，Chen G，Zhang C，et al. ACS Catalysis，2014，4：3637.

[3] 刘守新，刘鸿．光催化及光电催化基础与应用．北京：化学工业出版社，2005：19.

3. 态密度

态密度（density of states，DOS）是指能带中单位能量间隔内的电子状态数目。假设在能量介于 $E \sim (E+\mathrm{d}E)$ 存在 $\mathrm{d}Z$ 个量子态，则态密度

$$N(E) = \frac{\mathrm{d}Z}{\mathrm{d}E} \tag{7.15}$$

态密度的计算步骤大致如下：首先，算出 k 空间中量子态密度；然后，计算能量 $E \sim (E+\mathrm{d}E)$ 内对应的 k 空间体积，将体积与密度相乘，即得能量间隔 $\mathrm{d}E$ 内的量子态数 $\mathrm{d}Z$；最后，将 $\mathrm{d}Z$ 与 $\mathrm{d}E$ 作商即得态密度[1]。

（1）导带底附近的态密度

$$N_{\mathrm{CB}}(E) = \frac{V}{2\pi^2}\frac{(2m_n^*)^{\frac{3}{2}}}{\hbar^3}(E - E_{\mathrm{CB}})^{\frac{1}{2}} \tag{7.16}$$

式中，V 为晶体体积；E_{CB}为导带底能量；对于等能面为球面的导带底，m_n^* 为电子有效质量；对于硅、锗，其导带底的等能面为旋转椭球面，$m_n^* = m_{\mathrm{dn}} = s^{2/3}(m_l m_t^2)^{1/3}$ 为电子态密度有效质量（m_{dn}为导带底电子态密度有效质量，s 为对称状态个数，m_l和 m_t分别为纵向和横向有效质量）。

(2) 价带顶附近的态密度

$$N_{\mathrm{VB}}(E)=\frac{V}{2\pi^2}\frac{(2m_{\mathrm{p}}^*)^{\frac{3}{2}}}{\hbar^3}(E_{\mathrm{VB}}-E)^{1/2} \tag{7.17}$$

式中，E_{VB}为价带顶能量；对于等能面为球面的导带底，m_{p}^* 为空穴有效质量；对于硅、锗，其空穴态密度有效质量应包含轻空穴有效质量（m_{p}）$_{\mathrm{l}}$和重空穴有效质量（m_{p}）$_{\mathrm{h}}$，$m_{\mathrm{p}}^*=m_{\mathrm{dp}}=[(m_{\mathrm{p}})_{\mathrm{l}}^{3/2}+(m_{\mathrm{p}})_{\mathrm{h}}^{3/2}]^{2/3}$（$m_{\mathrm{dp}}$为价带顶空穴态密度有效质量）。

态密度和能带结构密切相关。态密度图可以反映各个电子轨道的分布、展示电子间相互作用情况以及表征键的共价性强弱等。

参考文献

[1] 刘恩科，朱秉升，罗晋生．半导体物理学．北京：电子工业出版社，2016：57.